Swapnil Deshmukh
Santosh More
D. R. Prajapati

Resposta do milho à gestão do azoto com e sem vermicomposto

Swapnil Deshmukh
Santosh More
D. R. Prajapati

Resposta do milho à gestão do azoto com e sem vermicomposto

ScienciaScripts

Imprint

Cover image: www.ingimage.com

This book is a translation from the original published under ISBN 978-3-659-81919-3.

Publisher:
Sciencia Scripts
is a trademark of
Dodo Books Indian Ocean Ltd. and OmniScriptum S.R.L publishing group

120 High Road, East Finchley, London, N2 9ED, United Kingdom
Str. Armeneasca 28/1, office 1, Chisinau MD-2012, Republic of Moldova, Europe
Printed at: see last page
ISBN: 978-620-8-18061-4

ÍNDICE DE CONTEÚDOS

SÍMBOLOS E ABREVIATURAS UTILIZADOS

%	= Per cent
@	= At the rate of
C.D.	= Critical Difference
C.V.	= Coefficient of Variation
cm	= Centimeter (s)
cm^2	= Centimeter square
Cv.	= Cultivar
DAS	= Days after sowing
EC	= Electrical Conductivity
et al.	= And others
etc.	= et cetera (and so on)
ha	= Hectare (s)
i.e.	= id est (That is)
kg ha^{-1}	= Kilogram per hectare
m	= Meter (s)
m^2	= Meter square (s)
mm	= Millimeter (s)
NS	= Non-significant
RDF	= Recommended dose of fertilizer
S.Em.	= Standard Error of mean
MSS	= Mean sum of squre
Sig.	= Significant
&	= and
viz.,	= Videlicet (Namely)
LAI	= Leaf area index
CGR	= Crop growth rate
RGR	= Relative growth rate
NAR	= Net assimilation rate
B.D.	= Bulk density
P.D.	= Particle density
WHC	= Water holding capacity

RECONHECIMENTO

Depois de ter concluído com êxito a longa viagem educativa, olho para trás e descubro que, embora a mente tenha navegado razoavelmente, tem estado a memorizar uma vagueza extra de experiências memoráveis. Neste momento gratificante de conclusão do meu problema de investigação, sinto-me obrigado a registar a minha gratidão para com aqueles que me ajudaram. É com imenso prazer que exprimo o meu profundo sentimento de gratidão e de dívida para com o meu orientador principal, **Dr. D.R. Prajapati**, Investigador Associado (Agronomia), Unidade de Investigação sobre Gestão do Solo e da Água, N. M. College of Agril, Navsari Agricultural University, Navsari, pelos seus conselhos versáteis, inspiração constante, encorajamento, sugestões valiosas de um problema pertinente para o atual cenário científico, especialmente a nível nacional, pela sua atenção e atitude magnânima desde o primeiro dia, para compreender e analisar os obstáculos pelos quais qualquer investigador falharia. É um privilégio o facto de ter estado sempre disponível, facilmente acessível e até disposto a resolver os intrincados problemas que surgiam no decurso da investigação e da elaboração da tese. Forneceu-me moral e fonte incessante de estímulo, ambos intelectuais, que tornaram a minha tarefa muito mais simples do que teria sido cumprindo esta prova.

É com orgulho que tenho o privilégio de deixar registados os meus sinceros e gratos agradecimentos aos membros do meu comité consultivo, Dr. K G Patel, Professor Assistente, Dept. of Soil Science and Agril. Chemistry, N. M. College of Agril, Navsari Agricultural University, Navsari, Dr. M. K Arvadia, Registrar, Navsari Agricultural University, Navsari e Dr. J. D. Aw-adaria, Associate Research Scientist (Stat.), Soil and Water Management Research Unit, Navsari, pela sua orientação e sugestões de especialistas durante o presente estudo.

Estou igualmente grato ao honorável Vice-Chanceler Dr. R.P.S. Ahlawat e ao Dr. C.L. Patel, antigo diretor da N.M. College of Agriculture, NAU, Navsari, bem como ao Dr. M.B. Patel, diretor da N.M. College of Agriculture, NAU, Navsari, por terem dado a oportunidade de melhorar as qualificações na disciplina de Agronomia e por terem proporcionado as facilidades necessárias durante o curso de estudo e investigação.

Estou sinceramente grato ao Dr. J.D. Thank, Professor e Diretor do Departamento de Agronomia, N.M. College of Agriculture, Navsari, ao Dr. D.D. Patel, Professor Associado, ao Prof. Patel, Professor Associado, Prof. K-P. Patel e todos os professores e membros do pessoal do Departamento de Agronomia e do Departamento de Ciência do Solo e Química Agrícola. Reconheço também com gratidão a ajuda prestada pelo Dr. R.A. Jat, investigador convidado, e *pelo Prof.*

Expresso os meus agradecimentos cordiais aos meus amigos mais próximos e queridos ***Swapnil****, Sanjay, Sagar, Ramesh, Sandip, Manoj, Vishal, Navneet, Vikrant, Mahesh, Kiran, Naved, Vijay, Kamlesh, Saajan, Qanesh, Sachin, Mangesh, Himesh, Prashant, Abhishekfi, Sushik, Raju, Sunil, Ashish, Naresh, Satish, Avinash, Ravi, Aashish, Jagdish, Neelam e os meus colegas mais velhos Pramod, Jaywant, Rahul, Munna, Mukesh, Qirish, Ajeet, Atuk, Deepak, Nilkanth, Vaishali, Shila, Bhumika, Sumit, Omkar, Rajesh, Mauki, Atuk, Chandrakant, Mahesh, Qanesh, Chetan, Sujit, Swapnil, Sachin, Bhushan e todos os meus colegas mais novos de pós-graduação.*

Mais palavras não podem expressar o sentido de sacrifício e compreensão soberbos demonstrados pelos membros da minha família, especialmente pelos meus veneráveis pais, o Sr. Mahadeo e a minha mãe, a Sra. Rekha, o meu avô, o Sr. Dnyandeo e a minha avó, a Sra. Sonabai e Shakuntala, a Irmã Deepaki e Joyti, que continuam a sorrir, a inspirar, a encorajar, a dar apoio moral e a fazer sacrifícios pessoais a todos os níveis possíveis para completar esta tarefa.

Por último, mas não menos importante, gostaria de deixar registada a minha sincera consideração, a minha mais profunda gratidão, o meu respeito sincero e um milhão de agradecimentos a "Qod", o Todo-Poderoso, que me ajudou em todos os caminhos da minha vida e fez de cada passo um grande sucesso.

Local: Navsari ***(S. M. More)***

I. INTRODUÇÃO

O milho (*Zea mays* L.), popularmente conhecido como "milho", é uma das culturas cerealíferas mais importantes do mundo, tanto para a alimentação humana como para a alimentação animal. Não existe nenhum outro cereal na terra que tenha um potencial de rendimento tão grande como o milho e que, por isso, ocupe o lugar de "rainha dos cereais". No mundo, o milho ocupa o terceiro lugar entre as culturas alimentares, a seguir ao trigo e ao arroz, tanto em termos de área como de produção. Sendo o milho uma planta C_4 , a sua eficiência na conversão da energia solar em energia alimentar é elevada.

A nível mundial, o milho é cultivado numa área de 146 milhões de hectares, com uma produção de 680 milhões de toneladas e uma produtividade de 4650 kg ha^{-1} (Anon., 2008-09). Na Índia, o milho é cultivado em 8,19 milhões de hectares de terra, com uma produção de 19,29 milhões de toneladas e uma produtividade de 2355 kg ha^{-1}. A Índia ocupa o sexto lugar no mundo no que respeita à produção de milho. O cultivo de milho na Índia está maioritariamente confinado aos estados de Rajasthan, Maharashtra, Gujarat, Uttar Pradesh, Karnataka, Madhya Pradesh, Andhra Pradesh, Tamilnadu e Jammu Kashmir. Gujarat ocupa uma superfície de 0,42 milhões de hectares, produzindo 5,17 milhões de toneladas de cereais com uma produtividade de 1375 kg ha $.^{-1}$

Em Gujarat, é tradicionalmente cultivado nas zonas tribais dos distritos de Panchamahal, Dahod, Sabarkantha, Vadodara, Banaskantha, Bharuch, Surat, Anand e Kheda. O milho produzido no país é consumido pelo homem de várias formas, como chapatti, grãos cozidos, flocos de milho, pipocas, etc., para citar algumas. Os cereais também são bons alimentos para aves de capoeira, suínos e outros animais. Além disso, estourar o milho é um método de cozedura do amido. Para além disso, fornece matéria-prima a várias indústrias para o fabrico de amido, etanol, ácido acético, glucose, borracha sintética, corantes, resina, etc.

O milho *Rabi* está a tornar-se cada vez mais popular nas áreas irrigadas devido à sua maior produtividade em comparação com o milho *kharif*, devido ao céu limpo e à menor infestação de insectos e ervas daninhas. Tradicionalmente, o milho tem sido amplamente cultivado como uma cultura de sequeiro durante a estação *kharif* no país. Mas estudos recentes mostraram que também pode ser cultivado com sucesso durante a estação *rabi* em muitas partes do país. O nível de rendimento do milho durante a estação *rabi* é consideravelmente mais elevado do que na estação *kharif*, devido à sua maior eficiência na utilização da água e dos fertilizantes. O cultivo do milho *rabi* está a ganhar popularidade entre os agricultores da Índia. O milho, devido à sua elevada procura de nutrientes, responde bem à fertilização, mas em condições de campo, devido à dependência excessiva de fertilizantes azotados e à utilização nula ou negligenciável de estrumes orgânicos, o seu potencial de rendimento é difícil de explorar. Os estrumes orgânicos não só ajudam a fornecer uma nutrição equilibrada como também apoiam a produção sustentável devido ao seu papel fundamental na melhoria da saúde do solo.

Entre os principais nutrientes das plantas, o azoto é um dos mais importantes e caros e tem um efeito muito marcado no crescimento das plantas de cereais. O azoto desempenha um papel importante na síntese da clorofila e dos aminoácidos. Estes constituem a base das proteínas, contribuindo assim para o crescimento das plantas. É também muito importante para o metabolismo das plantas por ser um constituinte essencial da estrutura celular e de muitos compostos activos metabólicos de tipo diverso. Vários trabalhadores relataram um aumento linear da produção de milho com a aplicação de azoto até uma quantidade substancial. (Bangarwa *et al.*, 1988 e Kaul *et al.*, 1994)

O biocomposto produzido a partir de lama de prensa, um subproduto da indústria açucareira, não só é uma fonte rica de nutrientes para as plantas, como também tem um efeito favorável nas propriedades físicas, químicas e biológicas do solo. A aplicação de biocomposto preparado a partir de resíduos industriais em culturas de consumo reduzirá o problema da eliminação de resíduos, minimizará o consumo de fertilizantes químicos, melhorará a qualidade do solo e também ajudará a mitigar a poluição ambiental. (Tripathi *et al.*, 2007) O biocomposto à base de lama de prensa é considerado um tratamento positivo para a eliminação de resíduos sólidos

(Jeyabal *et al.*, 1998). A adição de biocomposto ao solo melhora a resistência do solo à erosão hídrica, aumentando a capacidade de ligação das partículas do solo, melhora a trabalhabilidade do solo, a infiltração de água e a capacidade de retenção de água do solo. O biocomposto melhora a CTC, a condutividade eléctrica do solo, corrige o pH do solo e fornece matéria orgânica no solo que actua como alimento para os microrganismos do solo.

O vermicomposto é a queda das minhocas após a digestão intestinal da matéria orgânica e tem um elevado valor nutritivo. As minhocas, a maj ou fauna do solo, constituem uma das maravilhas que a natureza proporcionou à humanidade. É bem sabido que as minhocas desempenham um papel importante na melhoria das propriedades físicas e químicas do solo. Simultaneamente, aumenta o arejamento e a capacidade de retenção de água do solo. Datt (1948) descobriu que as actividades das minhocas aumentam a quantidade de agregados estáveis à água. Uma grande parte do azoto não disponível presente na matéria orgânica é disponibilizada às plantas através do processo de vermicompostagem. O vermicomposto é um fertilizante orgânico rico em nutrientes e um condicionador do solo. O teor de nutrientes no vermicomposto é de 1,60 % de N, 2,50 % de P e 0,8 % de K (Ashokan., 2008). O vermicomposto contém não só os excrementos das minhocas, mas também materiais de cama e resíduos orgânicos em diferentes fases de decomposição. Contém também minhocas em diferentes fases de crescimento e outros microrganismos associados ao processo. Os excrementos das minhocas na horta doméstica contêm normalmente 5 a 10 vezes mais azoto, fósforo e potássio do que o solo adjacente. As secreções do trato intestinal das minhocas, juntamente com o solo que passa através das minhocas, tornam os nutrientes necessários às plantas mais concentrados e disponíveis para serem absorvidos pelas plantas

Vermiwash é um fertilizante líquido recolhido após a passagem de água através de uma coluna de ação de vermes. (Contém uma grande quantidade de enzimas, vitaminas e hormonas como auxinas, giberelinas, etc., juntamente com macro e micronutrientes, e está a ser cada vez mais utilizado como pulverização foliar em várias culturas. A recolha de vermi-lavagem é feita adicionando mais água à fossa de vermi-composto e a lavagem é recolhida numa pequena fossa colocada num ponto mais baixo. Atlavinyte *et al.*, 1971 relataram que a aplicação de vermiwash aumenta a população microbiana e o nível de vitamina B_{12} no solo. Este fluido é uma fonte de fosfatos, sulfatos e cloretos de potássio, sódio e magnésio. O enxofre, o amoníaco e o ferro são outros ácidos encontrados em pequenas quantidades. O complexo de vermífugo é eficiente no aumento da produtividade das culturas e está a tornar-se cada vez mais famoso entre os agricultores como pulverização foliar, pelo que é necessário avaliar a sua eficiência no aumento da produtividade do milho *rabi.*

Tendo em conta os factos e os pontos de vista acima referidos, a presente experiência foi planeada para estudar a resposta do milho *rabi* (*Zea mays L.*) à gestão integrada do azoto com e sem vermiwash durante 2009-10 na quinta universitária da NAU, Navsari, com os seguintes objectivos gerais

1) Estudar o efeito da gestão integrada do azoto na produtividade do milho *rabi.*
2 . Estudar o efeito da pulverização de vermífugo na produtividade do milho *rabi.*
3. Calcular os custos económicos dos diferentes tratamentos.

II. REVISÃO DA LITERATURA

O milho é uma cultura exaustiva e requer grandes quantidades de azoto para uma produção agrícola mais elevada e sustentável. A utilização de fertilizantes azotados aumenta a produtividade agrícola. No entanto, o uso indiscriminado de fertilizantes químicos cria muitos problemas ecológicos. Para minimizar o impacto destes fertilizantes, é necessária uma abordagem científica com a utilização de práticas amigas do ambiente. A compostagem constitui uma excelente forma de gerir o enorme volume de resíduos orgânicos e de os converter em corretivos úteis para o solo. A eficácia dos resíduos orgânicos compostados pode ainda ser melhorada enriquecendo-os e misturando-os com nutrientes. O vermiwash é um estimulador de crescimento natural que também melhora o crescimento e o desenvolvimento do milho.

Neste capítulo, foi feita uma tentativa de fazer uma revisão crítica do trabalho realizado sobre o efeito do vermicomposto, biocomposto, azoto e vermífugo no crescimento, atributos de rendimento e rendimento e qualidade do milho, bem como na saúde do solo, e apresentado aqui sob o título adequado

2.1 Efeito do biocomposto, vermicomposto com fertilizantes N no crescimento, atributos de rendimento e rendimento e absorção e qualidade do milho.

2.1.1 Influência nos parâmetros de crescimento.

Uma experiência de campo planeada para o milho em 1984 na College of Agriculture. (Himachal Pradesh) por Thakur e Singh (1990) relataram que o número de folhas funcionais, a altura da planta e a matéria seca por planta no milho aumentaram significativamente com o aumento do nível de aplicação de azoto.

Gaur *et al.* (1992) planearam uma experiência em Udaipur com dois níveis de azoto (80 e 120 kg N ha^{-1}). Os resultados revelaram que uma aplicação de 80 kg N ha^{-1} aumentou a acumulação de matéria seca no milho.

Jadhav *et al.* (1992) observaram um aumento significativo no rendimento de matéria seca do milho com a aplicação de composto, preparado por diferentes tratamentos, em comparação com a aplicação de fertilizante sozinho.

Foi efectuada uma experiência para conhecer o efeito do vermicomposto, da FYM e do fertilizante inorgânico no milho em Urulikanchan e Jabalpur durante 1996-1997. Os resultados revelaram que o vermicomposto @10 t ha^{-1} juntamente com 75 % de FTR aumentou a forragem verde e a matéria seca do milho forrageiro em 45 e 67%, respetivamente, em relação ao controlo (Anon, 1997).

Enquanto trabalhavam na Universidade G. B. Pant de Agricultura e Tecnologia, Pantnagar (Uttar Pradesh), Shivay e Singh (2000) estudaram o crescimento, o rendimento e a absorção de azoto pelo milho, influenciados pelo sistema de cultivo e pelos níveis de azoto num solo franco-siltoso com N disponível de 310,0 e 316,5 kg ha^{-1} , durante a estação *Kharif* de 1992-93 e 1993-94, respetivamente. Relataram que a altura da planta, o índice de área foliar, a acumulação de matéria seca, a esterilidade e a percentagem de descasque aumentaram significativamente com a aplicação de azoto até 120 kg ha .$^{-1}$

Singh *et al.* (2000) realizaram uma experiência de campo durante a estação *kharif* na RAU, Udaipur (Rajasthan), com tratamentos compostos por 4 níveis de cada aplicação de N e Zn. Os autores referiram que a aplicação de N até 120 kg ha^{-1} aumentou significativamente a altura das plantas, a matéria seca, o índice de área foliar, as espigas por planta, as filas de grãos por espiga, o peso da espiga, a percentagem de descasque e o peso de teste.

Hussaini *et al.* (2001) realizaram uma experiência de campo durante três anos, 1996, 1997 e 1998, na Universidade Ahmadu Bellu Bello (ABBU), Zaria (Nigéria), para estudar o efeito do azoto (0, 60, 120 e 180 kg ha^{-1}) no crescimento e rendimento do milho em condições de sequeiro. Relataram que a aplicação de azoto aumentou a altura das plantas, aumentando o comprimento e o número de entrenós. Também aumentou o número e o tamanho das folhas, o que resultou em mais e maiores aparelhos fotossintéticos, aumentando a área foliar total e o índice de área foliar da cultura, influenciando consequentemente a produção de assimilados, o que tem influência direta na produção de matéria seca por planta e unidade de área.

Kumar e Singh (2002) realizaram uma experiência de campo com milho cv. 'Vijay' na época *da colheita de* 2000, para estudar o crescimento e o desenvolvimento do milho em resposta a diferentes níveis de azoto (0, 60, 120 e 180 kg ha^{-1}), fósforo e irrigação na Escola de Ciências Agrícolas e Desenvolvimento Rural (SASRD), Nagaland, num solo franco-arenoso com baixo teor de azoto disponível, 188 kg ha^{-1} . Os resultados revelaram que os níveis crescentes de azoto e fósforo aumentaram significativamente a altura da planta, a espessura do caule, o índice de área foliar, a taxa de crescimento da cultura e o rendimento.

A partir dos resultados de um experimento de campo na Argentina com três níveis de nitrogênio (0, 100 e 200 kg ha^{-1}) no milho doce, Grazia *et al.* (2003) observaram diferenças significativas na largura e comprimento das folhas, área foliar e altura da planta com aumentos sucessivos no nível de nitrogênio de 0 a 200 kg ha-1.

Singh *et al.* (2003) efectuaram uma experiência com quatro níveis de N (120, 150, 180 e 210 kg ha^{-1}) e potássio (40, 50, 60, 70 kg ha^{-1}) em solo argiloso para maximizar o potencial de rendimento do milho de inverno na Universidade Banaras Hindu (Varanasi). Os resultados revelaram que a altura da planta (cm), a matéria seca, o número de folhas verdes, o número de espigas por planta, a circunferência da espiga (cm), o comprimento da espiga (cm), a circunferência da espiga (cm), o descasque médio (percentagem) e o peso de 1000 grãos (g) foram significativamente mais elevados com a aplicação de azoto a 1 80 kg N ha^{-1} .

Na Universidade de Agricultura e Tecnologia de Orissa, Bhubaneswar (Orissa) Kar *et al.* (2006) realizaram uma experiência de campo durante as estações chuvosas de 2002 e 2003, para estudar o efeito da geometria de plantação e do azoto no milho doce cv. 'Madhuri' em solo de areia argilosa com 233,9 kg de azoto disponível ha^{-1} . Os resultados revelaram que a aplicação de 80 kg de azoto ha^{-1} produziu um número significativamente mais elevado de espigas primárias, espigas verdes e comprimento e perímetro das espigas.

Bindhani *et al.* (2007) planearam uma experiência de campo durante as estações chuvosas de 2002 e 2003 na Universidade de Agricultura e Tecnologia de Orissa, Bhubaneswar (Orissa), para estudar o efeito dos níveis de azoto (0, 80 e 120 kg ha^{-1}) e o momento da aplicação de azoto, juntamente com a ausência de azoto (controlo), na produtividade e na eficiência da utilização de azoto do milho para bebé, num solo franco-arenoso com 235 kg ha-1 de azoto disponível. Os autores referiram que a aplicação de 120 kg de azoto ha^{-1} resultou na planta mais alta, com o máximo rendimento de matéria seca e índice de área foliar, que foi significativamente superior a todos os restantes níveis de azoto.

Tripathi *et al.* (2007) em Gajraula (Uttar Pradesh) verificaram que a altura das plantas de trigo e milho aumentava com o aumento das doses de biocomposto. A maior altura de planta de ambas as culturas foi registada quando o biocomposto foi aplicado sozinho a 10 toneladas ha^{-1} .

Channabasanagowda (2008) realizou uma experiência de campo durante a estação *rabi* de 2006-2007 em solo argiloso vermelho da principal estação de investigação agrícola em Dharwad e observou que a altura das plantas e o número de folhas por planta de trigo eram significativamente mais elevados com a aplicação de vermicomposto a 3,8 t ha^{-1} e de estrume de aves de capoeira a 2,45 t ha .$^{-1}$

Sujatha *et al.* (2008) realizaram uma experiência na Estação de Investigação Agrícola, Dharwad, e descobriram que a aplicação de 3,67 t ha^{-1} vermicomposto aumenta a área foliar do milho até 67,57 dm^2 e o comprimento da espiga até 21,20 cm, em comparação com a adição de FYM, que foi de 64,93 dm^2 e 19,17 cm, respetivamente.

2.1.2 Influência nos atributos de rendimento e no rendimento.

Ao estudar o efeito dos níveis de azoto (80 e 120 kg ha^{-1}) e as suas divisões no rendimento do milho de inverno durante 198788 na Faculdade de Agricultura de Rajasthan, Udaipur (Rajasthan), Gaur *et al.* (1992) observaram que níveis crescentes de azoto de 80 a 120 kg ha^{-1} aumentavam significativamente o rendimento do grão.

Sahoo e Panda (1997) efectuaram uma experiência durante o inverno de 1995-1996. Eles relataram que a aplicação da dose mais alta de 120 kg N ha^{-1} resultou em maior rendimento em comparação com outros níveis de fertilizantes.

Jeyabal *et al.* (1998) realizaram uma investigação de campo na quinta do Nagarjuna Agricultural Research and Development Institute (NADRI), em Warngal, Andhra Pradesh, e observaram que a aplicação de azoto a 50 kg ha^{-1} através de biocomposto e o restante N através de fertilizante proporcionou um rendimento de grão de milho de 6,60 t ha^{-1} , que foi 10,2% superior ao rendimento com a aplicação de todo o N através de fertilizante.

Desai *et al.* (1 999) estudaram a gestão do azoto no sistema de cultivo trigo-coriandro. Verificou-se que os rendimentos eram mais elevados no tratamento que recebia metade do azoto através de vermicomposto e metade sob a forma de ureia do que outros adubos orgânicos. O crescimento máximo, a matéria seca e o rendimento de grãos foram obtidos com o efeito residual do tratamento que recebeu metade do azoto através de vermicomposto e metade como ureia.

Porwal e Jain (1999) realizaram uma experiência durante os Invernos de 19941997 na Estação de Investigação Agrícola de Banswara e verificaram que a sementeira de milho em novembro era igualmente boa e registava um maior rendimento de grãos, rendimento de palha e índice de colheita.

Uma experiência de campo foi conduzida durante três anos no IARI, Nova Deli, em solo franco-arenoso por Singh *et al.* (1999) para estudar a resposta do fertilizante no sistema de cultivo milho-trigo-cogumelo. Os resultados revelaram que o teste de solo baseado em 100% da dose óptima recomendada de 120, 60 e 40 NPK kg ha^{-1} registou um rendimento de grãos de milho significativamente mais elevado durante os três anos.

S ingh *et al.* (2000) efectuaram uma experiência de campo durante a estação *kharif* na RAU, Udaipur (Rajasthan), com tratamentos compostos por 4 níveis de cada aplicação de N e 4 de Zn. Os autores referiram que a aplicação de N até 1 20 kg ha^{-1} aumentou significativamente o rendimento de grão, de palha e biológico.

Uma experiência de campo estudada na principal estação de investigação da Universidade de Ciências Agrícolas, Dharwad, por Pattanshetti *et al.* (2002) indicou que o comprimento da espiga, o número de grãos por espiga, o peso do grão por planta, o peso de 100 grãos e o rendimento do grão e do caule do milho aumentaram significativamente com a aplicação de vermicomposto (2,5 t ha^{-1}) em relação ao controlo.

Shivay *et al.* (2002) estudaram a produtividade do milho influenciada pela cultura intercalar com leguminosas e quatro níveis de azoto (0, 40, 80 e 120 kg ha^{-1}) durante a estação das chuvas de 1992-93 e 1993-94 no Centro de Investigação de Culturas da Universidade G. B Pant de Agricultura e Tecnologia, Pantnagar. Verificaram que os níveis de N afectavam significativamente o número de fileiras de grãos por espiga e o número de grãos por espiga. Os valores de rendimento de grãos foram elevados com 120 kg N ha^{-1} .

A experiência de campo conduzida por Schulz *et al.* (2006) estudou a aplicação de biocomposto sem adição de fertilizante mineral, o que levou a uma melhoria do rendimento da cultura do milho até 57% em relação ao controlo.

A experiência de campo conduzida por Kumar *et al.* (2007) na quinta da faculdade de agricultura, Raichur, estudou o efeito de diferentes tipos de fertilizantes no milho e verificou que a aplicação de vermicomposto aumentou a acumulação de matéria seca, o rendimento de grãos, o rendimento de palha e o índice de colheita.

2.1.3 Influência na absorção e nos parâmetros de qualidade.

Puntamkar *et al.* (1965) observaram que o aumento da dose de azoto aumentava a concentração de azoto na folha, no rebento e no grão e resultava num maior teor de proteínas no grão.

Chowdhary e Rosario (1992) em Osbanos relataram que ao aumentar as taxas de aplicação de N de 0, 30, 60, 90 kg ha^{-1} aumenta a absorção de N e a proteína do grão e da forragem no milho foi aumentada.

Anon, (1 997) descobriu que a aplicação de vermi-composto @ 10 t ha^{-1}

juntamente com 75 % RDF aumentou o rendimento de proteína bruta de milho forrageiro em 67,7 % em relação ao controlo.

Numa experiência de campo durante a estação das chuvas em Bajaura (Himachal Pradesh), Thakur *et al.* (1998) observaram que a absorção de azoto pelo milho aumentava significativamente com a aplicação de azoto até 150 kg N ha^{-1} . Do mesmo modo, Padmaja *et al.* (1999) também observaram que a aplicação de azoto até 150 kg ha^{-1} resultava numa absorção máxima de azoto, fósforo e potássio pela cultura do milho em Bapatla (Andhra Pradesh).

Reddy e Reddy (1999) realizaram uma experiência no sistema de cultivo de milho-soja por dois anos consecutivos durante as estações *kharif* e *rabi* de 1994-1995 e 1995-1996, usando combinações de quatro níveis de 25, 50, 75 e 100% de substituição da dose recomendada de nitrogénio por vermicomposto, estrume de aves de capoeira, chorume de biogás e FYM. Em todos os tipos de estrume, o tratamento com 100% de vermicomposto, que estava a par com os níveis de 75 e 50% de estrume, mostrou o nível mais elevado de teor de azoto, ou seja, 220,20 kg ha^{-1} no milho, em comparação com os tratamentos que receberam estrume de aves, chorume de biogás, FYM e o controlo.

Raja (2001) estudou o efeito do azoto na qualidade dos grãos de milho super doce em Amberpet (Andhra Pradesh). Observou que os parâmetros de qualidade*, nomeadamente o* açúcar total, o açúcar redutor, os açúcares não redutores e as proteínas, melhoravam significativamente com a aplicação de azoto até 80 kg ha^{-1}.

A experiência de campo conduzida por Kumar *et al.* (2007) constatou que a absorção total e o teor de NPK do milho na colheita registaram valores elevados com a aplicação de 2,5 t ha^{-1} vermicomposto em vez de estrume de aves e adubo de folhas verdes.

Raj *et al.* (2007) estudaram o efeito do vermicomposto e do azoto no teor e absorção de nutrientes do milho *rabi* e verificaram que o teor e a absorção de nutrientes aumentavam com o aumento dos níveis de vermicomposto.

2.2 Efeito dos tratamentos de vermifugação no crescimento, atributos de rendimento, absorção de rendimento e qualidade do milho.

2.2.1 Influência nos parâmetros de crescimento.

Kale *et al.* (1987) estudaram o efeito da vermiwash na germinação de sementes de milho. Para o efeito, mergulhou as sementes numa solução de vermífugo durante quatro horas antes da sementeira e depois mergulhou as sementes durante quatro horas em água antes da sementeira. A imersão das sementes em vermífugo obtido a partir dos substratos de espigas de milho, cascas de soja e palha de pilha de cogumelos resultou numa maior percentagem de germinação do milho.

Thangavel (2003) observou que a aplicação de extractos de vermiwash e vermicast aumenta o crescimento e o rendimento do arroz.

Gopal *et al.* (2010) no Sugarcane Breeding Institute, Coimbatore revelou que a vermifugação é capaz de aumentar o crescimento e a produção de biomassa do milho.

2.2.2 Influência nos atributos de rendimento e no rendimento.

Buckerfield *et al.* (1 999) revelaram que a aplicação de vermífugo na cultura do rabanete aumenta o rendimento até 7,3 %.

Thangavel (2003) observou que a aplicação de extractos de vermiwash e vermicast aumenta o crescimento e o rendimento do arroz.

Ansari (2008), na exploração agrícola de Shivri, em Uttar Pradesh, estudou o efeito do vermicomposto e da vermifugação em solos sodados recuperados sobre a produtividade dos espinafres, da cebola e da batata. O rendimento aumentou significativamente.

Gopal *et al.* (2010) no Sugarcane Breeding Institute, Coimbatore, revelaram que a vermifugação é capaz de aumentar o rendimento da espiga de crescimento do milho.

2.3 Efeitos de vários tratamentos na fertilidade do solo

2.3.1 Efeitos do biocomposto, vermicomposto e fertilizante N na

fertilidade do solo

Jambhekar (1991) observou que a percentagem de N total aumentou no grupo do vermicomposto em 37 % em relação ao grupo do fertilizante químico e quase 50 % em relação ao grupo de controlo.

Gunj al e Nikam (1992) descobriram que o azoto no solo aumentou 6,5 vezes com uma aplicação de vermicomposto a 2,5 t ha^{-1} em relação ao controlo.

Kale (1994) estudou a aplicação de vermicomposto que melhorou significativamente as propriedades físicas do solo e as minhocas misturam fisicamente o conteúdo das camadas mais profundas e tornam o solo solto e poroso. Os seus exsudados corporais melhoram a capacidade de retenção de água do solo e promovem o estabelecimento de microrganismos.

Vasanthy e Kumarswamy (1999) observaram que a densidade aparente do solo diminuiu de 1,56 Mg m^{-3} para 1,36 Mg m^{-3} pela aplicação de vermicomposto @ 5 t ha .$^{-1}$

Sharma (2001) estudou o estado do azoto disponível no solo através da aplicação de 5 t ha^{-1} de vermicomposto e foi de 242 kg ha^{-1} . A atividade de fundição das minhocas aumentou 11,6 % do carbono orgânico e 12,9 % do azoto total da camada superior do solo de 0-15 cm em sistemas não perturbados ou em recuperação.

Schulz *et al.* (2006), no Instituto de Química Agrícola da Alemanha, efectuaram uma experiência de campo sobre a aplicação de biocomposto na cevada. Verificou que, sem adição de fertilizante mineral, a estrutura do solo foi melhorada.

Tabu *et al.* (2006), ao trabalharem sobre o efeito da gestão da fertilidade do solo e da taxa de fertilizantes azotados no rendimento do milho em campos de pequenos agricultores, verificaram que a aplicação de 60 kg de N aumenta a relação C:N, a cor do solo e a fertilidade do solo.

Venkatesh *et al.* (2007) estudaram o vermicomposto no Periyar Maniammai College of Technology (Tamil Nadu) e observaram que o valor de CE, o fósforo total e o azoto total aumentaram, enquanto o pH.

Ahmad *et al.* (2008) realizaram uma experiência na Universidade de

Agricultura de Faislabad (Paquistão) aplicando composto com uma combinação de 40 kg ha^{-1} ureia e verificaram que a estabilidade dos agregados aumentou até 24,8 % e a retenção de água até % no solo, em comparação com o controlo não tratado.

Azarmi *et al.* (2008) revelaram que a aplicação de vermicomposto a 0, 5, 10 e 15 t ha^{-1} mostrou um efeito benéfico no solo e nas propriedades físicas e reduziu a densidade aparente e aumentou a porosidade total.

Foi planeada uma experiência de campo durante a primavera de 2006-2007 no Sugarcane Research Institute, Shahjahanpur, utilizando a variedade de cana-de-açúcar CoS 97264 para determinar o efeito do biocomposto. Chauhan *et al.* (2008) revelaram que o estado do carbono orgânico do solo não foi significativamente restaurado nos tratamentos apenas com a aplicação de biocomposto, mas foi significativamente melhorado nos tratamentos combinados de 50, 75 % de biocomposto e fonte inorgânica de N.

2.3.2 Efeito da vermiwash.

Correa (2001) estudou a combinação de microrganismos eficazes e vermiwash. Melhora as propriedades químicas do solo N. P, K, Ca, e Mg são incrementados. Quando a mistura é usada com 10 % de urina de vaca, produz um excelente inseticida que é um sistema natural e amigo do ambiente.

2.4 Efeito de diferentes tratamentos na economia.

Thakur *et al.* (1997) realizaram uma experiência de campo durante as estações chuvosas de 1993 e 1994 para estudar o efeito do azoto e do espaçamento entre plantas no baby corn. Eles revelaram que o rendimento do baby corn aumentou sob níveis de N até 150 kg N ha^{-1} com o máximo retorno líquido por rupia investida (Rs. 2,84).

Chandrashekhar *et al.* (2000), de Arabhavi, Karnataka, referiram que a aplicação de estrume de aves de capoeira a 10 t ha^{-1} , juntamente com 100 % de FTR, proporcionou maiores rendimentos líquidos e um rácio custo-benefício de 1,51 do que outros estrumes orgânicos (*viz.,* vermicomposto e FYM), em comparação com o controlo.

Sarma *et al.* (2000) planearam uma experiência de campo na Estação Regional de Investigação Agrícola, Diphu (Assam), durante as épocas de *colheita* de 1994, 1995 e 1996, para determinar o nível ótimo de N e P para a variedade de milho composto 'Vijay', em condições de sequeiro. Eles revelaram que os níveis mais altos de 90 e 120 kgN ha^{-1} resultaram em retornos líquidos de Rs. 7157 e Rs. 8.266 ha^{-1} e benefício: razão de custo de 2,50 e 2,66 que foram maiores do que os registrados com 30 e 60 kg ha^{-1} , respetivamente. Tanto 90 como 120 kg N ha^{-1} são considerados como doses económicas para o milho.

A experiência de campo conduzida por Kumar *et al.* (2007) na quinta da faculdade de agricultura, Raichur, concluiu que a aplicação de vermicomposto a 2,5 t ha^{-1} no milho registou um custo máximo de cultivo e retornos brutos em relação ao controlo, o que aumentou os retornos líquidos mais baixos e o seu rácio custo-benefício de 1,59.

Sahoo e Mahapatra (2007) conduziram uma experiência de campo na Universidade de Agricultura e Tecnologia de Orisssa, Jashipur (Orissa) durante as estações *Rabi* (seca) de 2002-03 e 200304 em milho doce. Relataram que o nível mais elevado de fertilidade 1 20 :26 : 50 kg NPK ha^{-1} registou o lucro líquido máximo de Rs 40.251 e 45.952 (7,1 e 13,7 por cento) e o rácio benefício: custo foi de 3,89 e 3,82 durante o primeiro e segundo ano, o que foi significativamente mais elevado do que outros níveis de fertilidade, respetivamente.

Bindhani *et al.* (2008) planearam uma experiência de campo em Bhubaneswar (Orissa), com milho para bebé. Revelaram que o rendimento líquido (Rs. 72438 kg ha^{-1}) e o rácio benefício/custo (5,9) aumentaram significativamente até à aplicação de 120 kg N ha .$^{-1}$

Uma experiência de campo foi conduzida por Channabasanagowda (2008) durante a estação *rabi* de 2006-2007 na principal estação de investigação agrícola em Dharwad, que observou que a aplicação de vermicomposto @ 3,8 t ha^{-1} e estrume de aves de capoeira @ 2,45 t ha^{-1} no trigo dá baixos retornos líquidos no trigo (Rs 26.657) e rácio B:C 1,40.

Sujatha *et al.* (2008) descobriram que o custo de cultivo no tratamento que envolveu a adubação verde de feijão-frade e vermicomposto com 100 % RDN foi registado significativamente mais elevado (Rs 16.795 ha^{-1}) seguido de sunhemp, adubação verde e vermicomposto com 100 % RDN (Rs. 16.695 ha^{-1}) em comparação com outros tratamentos no milho.

III. MATERIAIS E MÉTODOS

Foi realizada uma experiência de campo para estudar a resposta do milho *rabi* (Zea Mays L.) à gestão integrada do azoto com e sem vermiwash durante a estação *rabi* de 2009-10. Os pormenores dos materiais utilizados e dos métodos adoptados durante a investigação são descritos neste capítulo.

3.1 Sítio experimental

O presente estudo foi realizado na quinta da faculdade, N. M. College of Agriculture, Navsari Agricultural University, Navsari, durante a estação *rabi* de 2009-10. Geograficamente, o campus da Universidade Agrícola de Navsari está situado a 20° 57' N de latitude e 72° 54' E de longitude, a uma altitude de 10 metros acima do nível médio do mar. O local está situado a 12 km a leste do grande local histórico "Dandi", na costa do mar Arábico.

3.2 Clima e condições meteorológicas

De acordo com as condições agro-climáticas, Navsari situa-se na zona I de precipitação intensa do Sul de Gujarat (situação agro-ecológica - III). O clima desta zona é tipicamente tropical, caracterizado por monções húmidas e quentes com chuvas intensas, um inverno moderadamente frio e um verão bastante quente. A precipitação média anual do território é de cerca de 1500 mm. A monção começa na segunda quinzena de junho e termina no final de setembro. No entanto, a maior parte da chuva é recebida durante os meses de julho e agosto. O inverno começa normalmente no final de outubro. A temperatura começa a baixar a partir de meados de novembro. dezembro e janeiro são os meses mais frios da estação. Normalmente, a estação do verão começa em meados de fevereiro e a temperatura atinge o máximo em abril e maio, pelo que estes dois meses são os mais quentes.

Os dados meteorológicos semanais médios relativos à temperatura máxima e mínima, humidade relativa, horas de sol brilhante, evaporação e precipitação para o período de experimentação (outubro de 2009 a março de 2010) registados no observatório meteorológico, College farm, N. M. College of Agriculture, Navsari Agricultural University, Navsari são apresentados no Quadro 1 .

É evidente a partir dos dados apresentados na Tabela 1 que a temperatura máxima e mínima variou entre 28,4 e 33,5° C e 12,4 e 20,9° C, respetivamente. A humidade relativa máxima e mínima durante a manhã e a noite variou entre 68,0 e 89,0 e 26,0 e 61,0 por cento, respetivamente. As horas de sol diárias variam de 2,5 a 9,2 horas. Registou-se uma ligeira chuva durante as semanas 45 e 46 (2009). Não afectou o crescimento normal da cultura do milho. Os dados mostram que o clima foi normal e moderadamente favorável ao crescimento e desenvolvimento satisfatórios do milho *rabi.*

3.3 Propriedades físico-químicas do solo

O campo experimental era bastante nivelado e uniforme. O solo do Sul de Gujarat é conhecido localmente como "solo negro profundo". O solo do campus de Navsari pertence ao grande grupo *Ustocrepts* e foi classificado na série Jalalpur. O solo do campo experimental era do tipo castanho-acinzentado escuro com topografia plana. O solo é caracterizado por uma drenagem média a má e uma boa capacidade de retenção de água. Estes solos são dominados por argila montmorilonítica, que racha verticalmente ao secar.

Quadro 1. Dados meteorológicos registados em Navsari durante o período de experimentação em 2009-2010

Month and Year	Standard Week	Temperature (°C)		Relative Humidity (%)		Sunshine Hour	Rainfall (mm)
		Max	Min	M	Ev.		
November 2009	45	33.5	20.3	69	45	5.0	13
	46	28.4	20.9	89	61	5.1	6.2
	47	31.8	19.4	79	42	4.7	0.0
	48	32.8	17.3	72	30	3.2	0.0
December 2009	49	31.7	16.3	82	38	2.9	0.0
	50	32.3	17.5	81	40	2.5	0.0
	51	31.4	19.4	80	39	5.1	0.0
	52	29.6	12.4	82	30	3.0	0.0
January 2010	1	29.8	17	71	40	7.6	0.0
	2	29.9	15.6	68	42	7.5	0.0
	3	30.5	15.4	71	34	9.0	0.0
	4	31.9	15.4	69	26	6.2	0.0
	5	32	15.0	81	34	8.9	0.0
February 2010	6	29.6	18.22	80	41	8.7	0.0
	7	28.4	16.2	82	43	9.2	0.0
	8	30.8	17.45	84	35	8.7	0.0
	9	31.00	18.2	85	28	9.2	0.0
Max = Maximum, Mini = Minimum, M = Morning and Ev. = Evening							

Quadro 2: Propriedades físico-químicas iniciais do solo experimental

Sr. No.	Soil characteristics	Value (0-30 cm soil depth)	Methods employed for determination
A. Physical properties			
(i)	Sand (%)	13.87	International pipette Method (Piper, 1950)
(ii)	Silt (%)	19.39	
(iii)	Clay (%)	66.74	
(iv)	Textural class	Clayey	
B. Chemical properties			
(i)	Soil pH (1:2.5 soil: water ratio)	7.8	Potentiometric pH meter (Jackson, 1967)
(ii)	EC (dSm^{-1}) at $25^{o}c$ (1:2.5 soil: water ratio)	0.36	(Gaur, 1967)
(iii)	Organic carbon (%)	0.43	Walkley and Black's rapid titration method (Jackson,1967)
(iv)	Available N ($kg\ ha^{-1}$)	167	Alkaline potassium permanganat method (Subbiah and Asija, 195
(v)	Available P_2O_5 ($kg\ ha^{-1}$)	28	Olsen's method (Jackson,1967)
(vi)	Available K_2O ($kg\ ha^{-1}$)	342	Flame photometerically (Jackson,1967)
(vii)	Porosity (per cent)	62.40	Turbidimetric (Kanwar and Chopra, 1980)
(viii)	WHC (per cent)	74	(Baruah and Barthakur, 1999)
(ix)	B.D. g/cm^3	1.36	Core method(Black, 1965)

A amostra representativa do solo foi recolhida a uma profundidade de 0-30 cm cobrindo toda a área da parcela experimental antes da sementeira. Esta amostra foi analisada relativamente a algumas das propriedades físico-químicas desejadas do solo e os valores médios são apresentados no Quadro 2.

Os dados apresentados no quadro 2 revelam que o solo da parcela experimental era de textura argilosa, pobre em azoto, médio em fósforo disponível, bastante rico em potássio disponível e ligeiramente alcalino em reação com uma condutividade eléctrica normal.

3.4 Historial das culturas no campo experimental

O presente estudo foi efectuado na parcela D/16 da College Farm, Navsari Agricultural University, Navsari. Os pormenores relativos ao padrão de cultivo seguido no campo experimental durante os últimos três anos são apresentados no quadro 3 .

3.5 Detalhes experimentais

Os pormenores da experiência são os seguintes

3.5.1 Título da experiência

Resposta do milho *rabi (Zea Mays* L.) à gestão integrada do azoto com e sem vermiwash nas condições do Sul de Gujarat

Quadro 3: Historial das culturas no campo experimental

Year	Season	Crop	Fertilizer applied (kg ha^{-1})			
			N	P	K	S
2005-06	*Kharif*	Fallow	-	-	-	-
	Rabi	Pigeon pea	25	50	0	-
	Summer	Clusterbean	20	40	0	-
2006-07	*Kharif*	Fallow	-	-	-	-
	Rabi	Gram	25	50	0	-
	Summer	Fallow	-	-	-	-
2007-08	*Kharif*	Fallow	-	-	-	-
	Rabi	Fennel	90	30	0	-
	Summer	Indian bean	20	40	0	-
2008-09	*Kharif*	Fallow	-	-	-	-
	Rabi	Maize	As per treatments			

3.5.2Disposição

Os pormenores da disposição são os seguintes (Fig. -1).

i)	**Época de sementeira**	4 Nov 2009
ii)	**Conceção experimental**	Factorialbloqueio aleatório desenho
iii)	**Replicação**	Quatro
iv)	**Número total de parcelas experimentais**	32
v)	**Dimensão do terreno**	Parcela bruta: 4,8 m x 6,0 m = 28,8 m^2 Terreno líquido: 3,6 m x 5,2 m = 18,72 m^2
vii)	**Total experimental área**	1144.8 m^2
viii)	**Espaçamento**	60 x 20 cm
ix)	**Taxa de sementeira**	20 kg ha^{-1}
x)	**Método de sementeira**	Dibbling
xi)	**Época e ano**	*Rabi*: 2009-10
xii)	**Cultura e variedade**	Milho var. Gujarat Maize-3
xiii)	**Direção da sementeira**	Norte-Sul
xiv)	**Calendário de fertilizantes**	80- 40-00 NPK kg ha^{-1}

xv) Tratamentos

A: Gestão integrada do azoto:

N1 100 % RDN através de fertilizante químico

N2 75% RDN através de fertilizante químico + 25% através de biocomposto

N3 75% RDN através de fertilizante químico + 25% através de vermi-composto

N4 50% RDN através de fertilizante químico + 25% através de biocomposto + 25 % através de vermicomposto

B: Vermiwash:

V1 Sem vermiwash

V2 Três pulverizações de vermífugo (20, 40 e 60 DAS) RDN = Dose recomendada de azoto

3.6 Caraterísticas salientes da variedade de cultura

A variedade melhorada de milho híbrido, "Gujarat Maize - 3", desenvolvida através de seleção na Main Maize Research Station, Godhra, Anand Agricultural University, Anand e lançada para cultivo de inverno no Estado de Gujarat em 1999, foi utilizada como cultura de ensaio. As principais caraterísticas desta variedade são apresentadas no quadro 4.

Quadro 4: Caraterísticas salientes da variedade Gujarat Maize-3

Sr. No.	Character	Description
1	Parents (cross)	(Composite-1xWRF-9HS)
2	Year of release	1999
3	Evolved at	Godhra
4	Plant height	Medium tall
6	Leaves	Green, cream white, midrib, hairs on upper surface of leaf, leaf margin pale yellow, medium broad leaf.
7	Tassel	Pale yellow in colour, semi erect and sparse, central axis conspicuous
8	Silk	Pale yellow
9	Cobs	Spindle shape
10	Cobs No.	In general two cobs per plant
11	Length of cob (cm)	16.15
12	Grain type	White flint, medium size
13	Average grain yield kg ha^{-1}	5525
14	Average stover yield kg ha^{-1}	7250
15	Maturity (days)	110-115
16	Protein content (%)	11.56
17	Resistance/ Tolerance to pest and disease	Moderate resistance to stem borer and resistance to turcicum leaf blight (TLB) disease

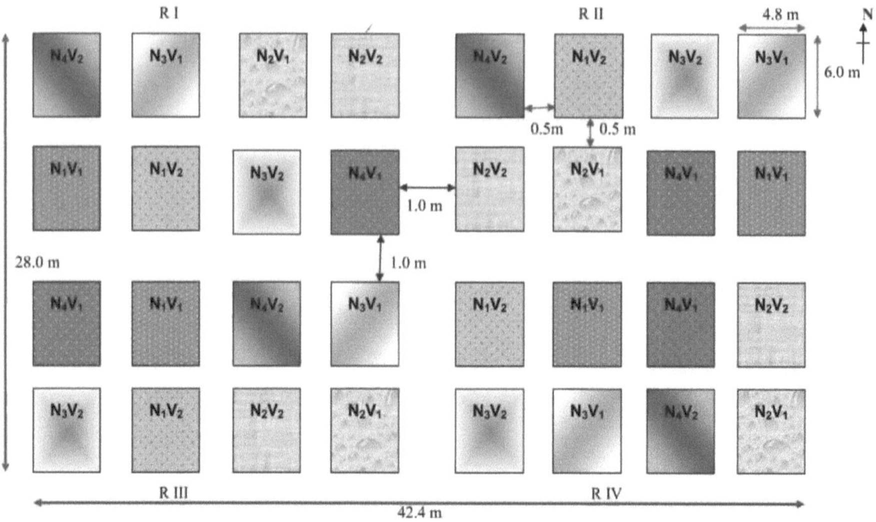

Fig. 2: Plano de implantação da experiência

3.7 Acções culturais

O calendário das operações culturais efectuadas no campo experimental durante o curso do inquérito é apresentado no quadro 5. Os pormenores relativos às várias operações culturais efectuadas são descritos a seguir.

3.7.1 Preparação do terreno

Os restolhos da cultura anterior e as ervas daninhas foram recolhidos e removidos do campo. Depois disso, o campo experimental foi cultivado transversalmente com um trator, seguido de plantação para obter uma cama de sementes nivelada. A experiência foi planeada de acordo com o plano de implantação. Abriu-se um sulco de 60 cm e marcou-se um espaçamento de 20 cm com a ajuda de um marcador de ferro para diblar as sementes.

3.7.2 Aplicação de fertilizantes

O nitrogénio foi aplicado sob a forma de ureia com a combinação de biocomposto e vermicomposto de acordo com os tratamentos e a dose comum de fósforo 40 kg ha^{-1} foi aplicada sob a forma de SSP. Biocomposto, vermicomposto, dose completa de fósforo e 50% de N foi aplicado como basal em todas as parcelas.

Os restantes 50% de azoto foram aplicados em duas parcelas iguais aos 30 DAS e aos 25% de emergência das borlas.

3.7.3 Semeadura

A quantidade necessária de sementes de acordo com o espaçamento entre linhas foi calculada para uma área de um hectare e também para a área bruta da parcela. Posteriormente, as sementes foram colocadas manualmente, de acordo com o tratamento, a uma profundidade de 5-7 cm no sulco em que o fertilizante foi colocado previamente, seguido da cobertura das sementes com partículas finas de solo.

Quadro 5: Calendário das acções culturais

Sr. No.	Name of operation	Frequency	Date
[A]	**Land Preparation**		
(i)	Cross cultivation by a tractor	Two	11/10/09
(ii)	Harrowing by a tractor	One	16/10/09
(iii)	Planking by a tractor	One	16/10/09
[B]	**Layout**		
(i)	Preparation of beds, water channel etc.	One	01/11/09
[C]	**Manuring**		
(i)	Application of Fertilizers	Thrice	04/11/2009 10/12/2009 30/12/2009
[D]	**Sowing**		
(i)	Sowing of seeds in each plot (hand sowing)	Once	04/11/2009
[E]	**Irrigation**		
(i)	First		04/11/2009
(ii)	Second		12/11/2009
(iii)	Third		02/12/2009
(iv)	Fourth		19/12/09
(v)	Fifth		06/01/10
(vi)	Sixth		21/01/10
(vii)	Seventh		05/02/10
[F]	**Spraying of vermiwash**		
	First		24/11/2009
	Second		14/12/2009
	Third		04/01/2010
[G]	**After Care**		
(i)	Thinning	Once	15/11/2009
(ii)	Hand weeding	Twice	01/12/2009 and 22/12/2009
(iii)	Bird watching	-	10/01/10 to 23/02/10
[H]	**Plant protection**		
i)	Spraying of insecticide	Once	07/12/2009
[I]	Harvesting and threshing	Once	24/02/2010

3.7.4 Preenchimento de lacunas e desbaste

Após a emergência da cultura, foram efectuadas operações de enchimento de espaços e de desbaste, sempre que necessário, para manter o espaçamento entre fileiras e obter um estande ótimo de plantas.

3.7.5 Irrigação

A primeira irrigação foi efectuada logo após a sementeira para a germinação e, subsequentemente, foram efectuadas seis irrigações, conforme mencionado no Quadro 5.

3.7.6 Monda e intercultura

Para proteger a cultura da infestação de ervas daninhas, foram também efectuadas duas operações de monda manual, como mencionado no quadro 5.

3.7.7 Proteção das plantas

Não foram observadas doenças e pragas graves durante o período de crescimento da cultura; no entanto, como medida de precaução contra a incidência da broca do caule, foi feita uma pulverização de Endosulphan 35 EC (20 ml em 10 litros de água) aos 40 DAS.

3.7.8 Colheita e debulha

Após a maturidade da cultura, a colheita foi efectuada removendo as espigas da planta e, em seguida, as plantas foram colhidas por foice em cada parcela. Foram colhidas aleatoriamente cinco plantas de cada parcela da rede, primeiro para registo da observação biométrica, e o produto dessas plantas foi posteriormente adicionado ao produto da respectiva parcela da rede. As espigas foram colhidas separadamente nas linhas fronteiriças e na área das parcelas da rede e todas foram secas durante cerca de dez dias. Após a secagem das espigas, a debulha foi feita separadamente para cada parcela da rede e o rendimento do grão foi registado. As plantas da linha de fronteira e da área da parcela de rede foram colhidas separadamente e, após a secagem, o rendimento em palha foi registado para cada parcela de rede.

3.8 Observações biométricas

A parcela experimental foi semeada com um espaçamento entre linhas de 60 cm, com oito linhas na parcela bruta. A linha exterior de cada lado da parcela foi mantida como linha de fronteira e das restantes linhas; as linhas interiores de cada lado da parcela foram utilizadas para a amostragem de plantas, denominadas linhas de amostragem. Foram selecionadas cinco plantas de cada parcela em rede, que foram marcadas para observações biométricas.

3.8.1 Estudos pré-colheita

3.8. 1. 1População de plantas

O número total de plantas foi contado em cada parcela de rede aos 20 DAS e imediatamente antes da colheita da cultura e registado, tendo finalmente os dados sobre a população de plantas sido expressos com base no hectare.

3.8.1.2 Altura da planta (cm)

A altura periódica das plantas aos 30, 60, 90 DAS e na colheita foi medida desde o nível do solo até à ponta do rebento principal das cinco plantas selecionadas de cada parcela da rede. Os valores médios de cada parcela em cada fase foram calculados e registados.

3.8.1.3 Acumulação de matéria seca (g planta^{-1})

Depois de registar a área foliar, as mesmas duas plantas foram utilizadas para a estimativa da matéria seca. As folhas, o caule e as espigas verdes imaturas foram cortados em pedaços e secos ao sol e depois secos em estufa a 70° C até peso constante. O peso seco em gramas foi registado separadamente para cada amostra e o valor médio da matéria seca g planta^{-1} foi calculado e registado aos 30, 60 e 90 DAS e na colheita.

3.8.1.4 Índice de área foliar (LAI)

O índice de área foliar é a medida do crescimento da cultura por unidade de área, uma vez que o rendimento da cultura deve ser expresso por unidade de área de solo em vez de por planta, a área foliar existente em unidade de área de solo foi proposta por Watson (1952). O índice de área foliar foi calculado pela seguinte fórmula.

$$LAI = \frac{\text{Área foliar por planta (cm}^2\text{)}}{\text{Superfície do solo por planta (cm}^2\text{)}}$$

3.8.1.5 Dias para 50 por cento de desfolhamento

Foi contado e registado o número de dias necessários para o aparecimento de borlas em 50 por cento das plantas de cada parcela.

3.8.1.6 Dias até 50 por cento de silagem

Foi contado e registado o número de dias necessários para o aparecimento de sedas em 50 por cento das plantas de cada parcela.

3.8.1.7 Dias até à maturidade fisiológica

O número médio de dias de maturidade fisiológica foi calculado e registado separadamente.

3.8.2 Estudos pós-colheita

3.8.2.1 Comprimento da espiga (cm)

As cinco espigas das cinco plantas marcadas selecionadas ao acaso foram utilizadas para medir o comprimento da espiga. O comprimento das espigas foi medido em centímetros desde a extremidade da espiga até à ponta da espiga e o comprimento médio da espiga foi calculado para cada tratamento e registado separadamente.

3.8.2.2 Perímetro da espiga (cm)

As cinco espigas de cinco plantas selecionadas ao acaso foram utilizadas para medir a circunferência média da espiga em centímetros. Para medir a circunferência, utilizou-se um fio normal (fio). O fio foi enrolado à volta da espiga no centro e o comprimento do fio foi medido em cm. e a média foi calculada e registada separadamente.

3.8.2.3 Número de grãos em espiga^{-1}

Foram debulhadas cinco espigas previamente utilizadas para medir o peso das espigas e os grãos foram limpos. O número de grãos foi contado para as cinco espigas e depois calculada a média e registados separadamente para análise estatística.

3.8.2.4 Peso de ensaio (g)

Cem grãos de milho foram contados a partir de uma amostra composta de cada parcela de rede, pesados e registados em gramas separadamente.

3.8.2.5 Rendimento do grão (kg ha^{-1}) e rendimento do colmo (kg ha^{-1})

3.8.2.5.1 Rendimento de grãos (kg ha^{-1})

As espigas de todas as plantas de cada parcela da rede foram colhidas separadamente e deixadas a secar ao sol durante cerca de dez dias. Após a secagem completa das espigas, os grãos foram retirados das espigas com a ajuda de uma vara de madeira. O produto assim obtido foi limpo e pesado. O peso total do grão da parcela^{-1} , depois de adicionado o peso do grão de cinco amostras de plantas, foi registado e finalmente expresso por hectare.

3.8.2.5.2 Rendimento do caule (kg ha)$^{-1}$

Após a colheita das espigas das plantas, as plantas foram colhidas separadamente nas parcelas da rede e deixadas a secar ao sol durante dez dias no campo. Em seguida, foram atadas em feixes de tamanho adequado e foi registada a produção de feno por parcela de rede. A produção total de palha da parcela^{-1} , depois de adicionado o peso da palha de cinco plantas de amostra, foi registada e finalmente expressa em hectares.

3.8.2.6 Índice de colheita (%)

O índice de colheita foi calculado utilizando a fórmula sugerida por Donald (1963) e registado separadamente para cada parcela.

$$\text{Índice de colheita (\%)} = \frac{\text{Rendimento de grãos (kg ha}^{-1}\text{)}}{\text{Rendimento de grão + palha (kg ha}^{-1}\text{)}} \times 100$$

3.9 Análise química

Uma amostra aleatória de grãos de aproximadamente 50 gm foi retirada da produção de cada parcela da rede. As amostras de grão foram analisadas quanto aos seus parâmetros de qualidade, como o teor de proteínas e a absorção de NPK do grão e do caule, tal como descrito abaixo.

3.9.1 Teor de proteínas e rendimento proteico das sementes (%)

O teor de azoto nas sementes foi calculado pelo método de micro-Kjeldahl, tal como descrito por Jackson (1967). O teor de proteínas no grão foi calculado multiplicando o teor de azoto por 6,25 (Bhuiya e Chowdhary, 1974).

3.9.2 Teor e absorção de NPK pelo grão e pelo caule

Foram colhidas amostras representativas de sementes e forragens de cada parcela, separadamente, para estimar o teor de N, P e K. As amostras foram secas em estufa a 60 °C durante 24 horas e trituradas em moinho mecânico. As amostras de grão e de palha foram digeridas numa mistura de diácidos. O extrato preparado após a digestão foi utilizado para estimar o teor de N, P e K de acordo com os seguintes métodos

a. Nitrogénio

O azoto foi estimado pelo método de micro-Kjeldahl modificado (Jackson, 1967).

b. Fósforo

O método do ácido fosfórico vanadomolibdato não reduzido de cor amarela foi utilizado para estimar o fósforo do extrato (Jackson, 1967).

c. Potássio

O potássio do extrato foi determinado por fotómetro de chama (Jackson, 1967).

3.9.3. Absorção de nutrientes

A absorção de nutrientes foi calculada multiplicando a produção de matéria seca pela respectiva percentagem de composição dos diferentes nutrientes. A absorção total de N, P e K pelo milho foi obtida através da soma da absorção dos respectivos nutrientes pelas folhas e pelo caule.

3.10 Estudos do solo

Foram também recolhidas amostras de solo a 0-30 cm de profundidade de cada parcela de tratamento antes da plantação e após a colheita da cultura do milho. As amostras assim obtidas foram utilizadas para determinar o N disponível, o P_2O_5 e o K_2 O, o carbono orgânico, a capacidade de retenção de água, a porosidade e a densidade aparente mencionadas no quadro 2.

3.11 Análise de biocomposto, vermicomposto e vermiwash

Os teores de N, P e K foram calculados com base no peso seco, como indicado a seguir.

Sr	Nutrient	Bio-compost	Vermi-compost	Vermi-wash	Method used
1.	N (%)	1.33	1.70	0.01	Modifed kjeldahl,s method (Jackson, 1967)
2.	P (%)	1.07	0.79	0.08	Vanadomolybdate phosphoric acid yellow colour method (Jackson, 1967)
3.	K (%)	0.80	1.00	0.13	Flame photometer method (Jackson, 1967)

3. 11Economia

3.11.1 Rendimentos líquidos (Rs ha^{-1})

A realização bruta em termos de rupias por hectare foi calculada com base no rendimento de cada tratamento, utilizando os preços de mercado do produto em vigor. O custo de cultivo da O custo de cultivo da cultura para cada tratamento foi calculado tendo em conta o custo de todos os factores de produção utilizados e as operações efectuadas desde a lavoura preparatória até à colheita. A realização líquida foi calculada deduzindo o custo total de cultivo da realização bruta por hectare para cada tratamento e registada em conformidade.

3.11.2 Rácio benefício/custo (BCR)

A fim de avaliar a eficiência de cada tratamento, a economia relativa com base nos dados de rendimento de cada combinação de tratamento foi trabalhada em termos de lucro líquido, de modo a que a combinação de tratamento mais eficaz e remuneradora pudesse ser decidida. Do mesmo modo, foi também calculada a economia do efeito principal da época de sementeira e do espaçamento entre linhas.

O custo de cultivo de cada tratamento foi calculado tendo em conta o custo de todas as operações, desde a preparação até à colheita da cultura, incluindo o custo de todos os factores de produção necessários. A realização bruta em termos de rupias por hectare foi calculada tendo em conta os rendimentos de cada tratamento e o preço de mercado em vigor. O lucro líquido foi calculado deduzindo o custo total da cultura da realização bruta para cada tratamento e registado em conformidade.

O rácio benefício: custo (BCR) para cada tratamento foi calculado com base na fórmula abaixo indicada.

$$BCR = \frac{\text{Realização bruta}}{\text{Custo total da cultura}}$$

3.11 Análise estatística

Os dados registados sobre os vários caracteres durante o período de investigação foram analisados estatisticamente através de um procedimento adequado de um projeto de blocos aleatórios factoriais. A significância das diferenças foi testada pelo teste "F" a um nível de 5 por cento (Panse e Sukhatme, 1967). A diferença crítica (D.C.) foi calculada quando a diferença entre os tratamentos foi considerada significativa pelo teste "F". Foram preparadas tabelas de resumo das médias dos tratamentos e apresentadas com o erro padrão da média (S.Em.±) e o coeficiente de variação (C.V. %).

IV. RESULTADOS EXPERIMENTAIS

O capítulo incorpora os resultados da presente experiência para estudar a resposta do milho *rabi* (*Zea Mays L.*) à gestão integrada do azoto com e sem vermiwash. conduzida durante a época *rabi* de 2009-10 na College Farm, N. M. College of Agriculture, Navsari Agricultural University, Navsari. Os dados registados para vários parâmetros de crescimento, rendimento, qualidade, absorção de nutrientes, fertilidade do solo e economia durante o curso da investigação, juntamente com a inferência estatística, foram apresentados e os efeitos significativos são descritos em pormenor para proporcionar uma rápida compreensão das tendências. Os resultados também foram representados graficamente sempre que se considerou necessário.

4.1 Efeito nos atributos de crescimento

Os dados sobre o efeito da gestão do nitrogénio e dos tratamentos de pulverização de vermífugo nos atributos de crescimento como o estande da planta, a altura da planta, a acumulação de matéria seca da planta^{-1} , o índice de área foliar, em vários estágios de crescimento e dias para 50 por cento de borla, silagem e maturidade fisiológica são apresentados nos quadros 6 a 11.

4.1.1 População de plantas

Os dados relativos à população de plantas registados aos 20 DAS e na colheita são apresentados no Quadro 6. Uma avaliação dos dados apresentados no Quadro 6 indicou que a variação dos tratamentos de azoto não teve qualquer efeito significativo no estande de plantas ha^{-1} em ambas as fases de observação, ou seja, 20 DAS e na colheita.

Quadro 6: Stand de plantas no milho influenciado pelos tratamentos com azoto e vermífugo

Treatments	**Plant population ha^{-1}**	
	20 DAS	**At harvest**
Nitrogen		
N_1	81222	81195
N_2	81278	81247
N_3	81305	81273
N_4	81290	81252
S.Em. ±	862.33	871.12
C.D. at 5%	NS	NS
Vermiwash		
V_1	80618	80588
V_2	81930	81895
S.Em. ±	609.76	615.97
C.D. at 5%	NS	NS
Interaction		
N x V	NS	NS
C.V. %	3.00	3.03

Os dados apresentados no Quadro 6 revelam que a pulverização com vermífugo não afectou a população de plantas ha^{-1} tanto aos 20 DAS como na colheita.

A interação entre os tratamentos com azoto e vermífugo foi considerada não significativa para a população de plantas.

4.1.2 Altura da planta (cm)

Os dados indicados no Quadro 7 revelam que a variação dos tratamentos com azoto afecta significativamente a altura das plantas de milho registada em diferentes fases de crescimento da cultura. Em todas as fases de crescimento da cultura, 50 % de RDN através de fertilizante químico + 25 % através de biocomposto + 25 % através de vermicomposto (N_4) registou uma altura de planta estatisticamente mais elevada do que 100 % de RDN através de fertilizante químico (N_1). Verificou-se também que N_3 e N_2 permaneceram a par com N_4 na altura das plantas.

Os dados apresentados no quadro 7 revelam que três pulverizações de vermífugo (V_2) melhoraram significativamente a altura das plantas durante todo o período de crescimento da cultura, em comparação com a não pulverização de vermífugo (V_1).

A interação entre os tratamentos com azoto e vermífugo não exerceu qualquer efeito significativo na altura das plantas.

4.1.3 Acumulação de matéria seca (g planta^{-1})

Dados relativos à acumulação de matéria seca da planta^{-1} apresentados no Quadro 8 indicam que os diferentes tratamentos de azoto tiveram uma influência significativa na produção de matéria seca do milho aos 30, 60, 90 DAS e na colheita.

Quadro 7: Altura das plantas de milho influenciada pelo azoto e tratamentos vermiwash

Treatments	Plant height (cm)			
	30 DAS	60 DAS	90 DAS	At harvest
Nitrogen				
N_1	53.30	133.54	160.34	162.07
N_2	54.83	139.20	166.23	169.18
N_3	55.81	142.57	170.59	173.27
N_4	57.15	148.43	177.48	179.22
S. Em. ±	0.92	3.55	4.12	4.11
C.D. at 5%	2.70	10.37	12.03	11.99
Vermiwash				
V_1	52.50	134.81	162.53	164.38
V_2	58.04	147.06	174.79	177.49
S. Em. ±	0.65	2.51	2.91	2.90
C.D. at 5%	1.91	7.33	8.50	8.47
Interaction				
N x V	NS	NS	NS	NS
C.V. %	4.73	7.13	6.90	6.80

Quadro 8: Acumulação de matéria seca por planta de milho influenciada pelos tratamentos com azoto e vermífugo

Treatments	Dry matter accumulation (g plant^{-1})			
	30 DAS	60 DAS	90 DAS	At harvest
Nitrogen				
N_1	6.17	73.74	153.98	166.77
N_2	7.17	77.22	160.58	178.02
N_3	7.22	79.29	163.08	180.77
N_4	7.66	81.49	172.79	187.42
S. Em. ±	0.19	1.87	4.34	4.77
C.D. at 5%	0.56	5.47	12.65	13.91
Vermiwash				
V_1	6.58	75.20	156.04	171.42
V_2	7.52	80.68	169.17	185.07
S. Em. ±	0.14	1.32	3.07	3.37
C.D. at 5%	0.39	3.86	8.95	9.84
Interaction				
N x V	NS	NS	NS	NS
C.V. %	7.66	6.80	7.54	7.56

Em todas as fases de crescimento N_4 registou uma produção de matéria seca estatisticamente mais elevada 7,66, 81,49, 172,79 e 187,42 g de planta^{-1} aos 30, 60, 90 DAS e na colheita, respetivamente, sobre 100 % RDN através de fertilizante químico (N_1). No entanto, N_3 e N_2 permaneceram a par com N4 na produção de matéria seca por planta.

Os dados apresentados no Quadro 8 revelaram que três pulverizações de vermífugo (V_2) melhoraram significativamente a acumulação de matéria seca 7,52, 80,68, 169,17 e 185,07 g de planta^{-1} no milho aos 30, 60, 90 DAS e na colheita, respetivamente, em comparação com a não pulverização de vermífugo (V_1) (6,58, 75,20, 156,04 e 171,42, respetivamente).

Não foram observadas interações significativas entre os tratamentos com azoto e com vermífugos.

4.1.4 Índice de área foliar

Os dados médios do índice de área foliar do milho calculados aos 30, 60, 90 DAS e na colheita, influenciados pelos tratamentos azotados, são apresentados no quadro 9. Independentemente da fase de crescimento, o N_4 , a par do N3 e do N2, registou um índice de área foliar significativamente mais elevado do que 100 % RDN através de fertilizante químico (N_1).

Os dados ilustrados no quadro 9 revelam que o índice de área foliar do milho é significativamente mais elevado com três pulverizações de vermífugos (V_2) do que sem pulverização de vermífugos (V_1).

Quadro 9: Índice de área foliar (IAF) do milho influenciado pelos tratamentos com azoto e vermífugos

Treatments	Leaf area index			
	30 DAS	60 DAS	90 DAS	At harvest
Nitrogen				
N_1	0.96	1.87	2.15	2.01
N_2	1.06	2.08	2.22	2.16
N_3	1.10	2.12	2.29	2.24
N_4	1.13	2.18	2.37	2.29
S. Em. ±	0.03	0.05	0.05	0.06
C.D. at 5%	0.09	0.16	0.15	0.16
Vermiwash				
V_1	0.95	1.88	2.16	2.09
V_2	1.18	2.24	2.36	2.26
S. Em. ±	0.02	0.04	0.03	0.04
C.D. at 5%	0.07	0.1	0.10	0.11
Interaction				
N x V	NS	NS	NS	NS
C.V. %	8.56	7.29	6.49	7.17

A interação entre os tratamentos com azoto e vermífugo não foi significativa.

4.1.5 Dias até 50 por cento de desponta e de ensilagem

Os dados indicados no Quadro 10 mostram que os diferentes

tratamentos de azoto no milho exerceram uma influência significativa nos dias necessários para 50% de desfolhamento e de ensilagem. 50 % de RDN através de fertilizante químico + 25% através de biocomposto +25% através de vermicomposto (N_4) demorou estatisticamente menos dias, *ou seja,* 54 e 58 dias para 50 por cento de borla e silagem, respetivamente. Foi encontrado a par com N_3 e N_2 . O número máximo de dias para 50 por cento de borla (60) e silagem (64) foi registado em 100 % RDN através de fertilizante químico (N_1).

Os dados apresentados no quadro 10 mostram que os dias para 50 por cento de desponta e silagem foram significativamente baixos, 55 e 59, respetivamente, devido a três pulverizações de vermífugo (V_2) em relação a nenhuma pulverização de vermífugo (V_1).

A interação entre os tratamentos com azoto e com vermífugo foi considerada não significativa.

4.1.6 Dias até à maturidade fisiológica

A maturidade fisiológica do milho variou significativamente com os diferentes tratamentos de azoto (Quadro 1 1). A maturidade atrasou-se com o tratamento N_4 e registou 115 dias. Os tratamentos N_1 , N_2 e N_3 foram estatisticamente iguais e registaram menos dias de maturidade fisiológica em comparação com o tratamento N .$_4$

Uma leitura dos dados apresentados no quadro 11 mostra que o número de dias até à maturidade fisiológica do milho foi significativamente reduzido devido a três pulverizações de vermífugo (V_2) em relação a nenhuma pulverização de vermífugo (V_1).

Quadro 10: Número de dias para 50 por cento do despontar e para a silagem do milho, influenciado pelos tratamentos com azoto e vermífugo

Tretments	Days to 50 per cent tasseling	Days to 50 per cent silking
Nitrogen		
N_1	60	64
N_2	58	62
N_3	57	61
N_4	54	58
S. Em. ±	1.40	1.39
C.D. at 5%	4.08	4.07
Vermiwash		
V_1	59	63
V_2	55	59
S. Em. ±	0.99	0.99
C.D. at 5%	2.88	2.88
Interaction		
N x V	NS	NS
C.V. %	6.88	6.41

Quadro 11: Número de dias para a maturidade fisiológica do milho influenciado pelos tratamentos com azoto e vermífugo

Tretments	Days to physiological maturity
Nitrogen	
N_1	111
N_2	112
N_3	112
N_4	115
S. Em. ±	0.90
C.D. at 5%	2.64
Vermiwash	
V_1	112
V_2	113
S. Em. ±	0.90
C.D. at 5%	2.64
Interaction	
N x V	NS
C.V. %	2.26

A interação entre os tratamentos com azoto e vermífugo não foi significativa para a maturidade fisiológica.

4.2 Efeito nos atributos de rendimento e rendimento

Os dados médios relativos ao comprimento da espiga, à circunferência da espiga, ao número de grãos da espiga^{-1} , ao peso de ensaio, ao rendimento do grão, ao rendimento do colmo e ao índice de colheita são apresentados nos quadros 12 e 13.

4.2.1 Comprimento da espiga (cm)

Os resultados apresentados no Quadro 1 2 revelam que o comprimento da espiga de milho foi significativamente influenciado pelos tratamentos de azoto: 50 % RDN através de fertilizante químico + 25 % através de biocomposto + 25 % através de vermicomposto (N_4) mostram um comprimento de espiga significativamente mais elevado (15,84 cm) do que 100 % RDN através de fertilizante químico (N_1) (13,77 cm). Além disso, verificou-se que os tratamentos N_3 e N2 permaneceram a par com N4 no que diz respeito ao comprimento da espiga.

Os vários tratamentos de vermífugo influenciaram significativamente o comprimento da espiga de milho (Quadro 12). V_2 mostra o maior comprimento de espiga devido a três pulverizações de vermiwash (V_2) (15,54cm) sobre V_1 (14,35cm).

Os tratamentos com azoto e vermífugo não tiveram efeito significativo no comprimento da espiga.

4.2.2 Perímetro da espiga (cm)

Os dados registaram que a maior circunferência da espiga de milho foi influenciada pelo tratamento com N_4 , que se manteve estatisticamente a par com N_3 e N_2

Os dados médios sobre a circunferência da espiga do milho influenciados pelos tratamentos de vermifugação são apresentados no quadro 12.

Quadro 12: Comprimento da espiga, perímetro da espiga, número de grãos da espiga[-1] e peso de ensaio do milho influenciados pelos tratamentos com azoto e vermífugos

Tretments	Length of cob (cm)	Girth of cob (cm)	No. of grains cob^{-1}	Test weight (g)
Nitrogen				
N_1	13.77	12.70	421	20.36
N_2	14.91	13.83	455	22.29
N_3	15.21	14.29	459	22.76
N_4	15.84	14.88	479	23.46
S. Em. ±	0.40	0.37	10.32	0.53
C.D. at 5%	1.08	1.09	30.14	1.55
Vermiwash				
V_1	14.35	13.33	443	21.12
V_2	15.54	14.52	465	23.31
S. Em. ±	0.26	0.26	7.30	0.37
C.D. at 5%	0.76	0.77	21.31	1.09
Interaction				
N x V	NS	NS	NS	NS
C.V. %	7.00	7.64	6.43	6.76

Os tratamentos com vermífugo tiveram um efeito significativo na circunferência da espiga. V_2 mostra um maior comprimento da espiga devido a três pulverizações de vermiwash em relação a nenhuma pulverização de vermiwash (V_1).

A interação entre os tratamentos com azoto e vermífugo não exerceu qualquer efeito significativo na circunferência da espiga.

4.2.3 Número de grãos em espiga^{-1}

Os resultados apresentados no Quadro 12 indicam que os tratamentos com azoto influenciaram significativamente o número de grãos em espiga^{-1} no milho. 50 % RDN através de fertilizante químico + 25 % através de biocomposto + 25 % através de vermicomposto (N_4) mostram um número significativamente mais elevado de grãos de espiga^{-1} (479) do que 100 % RDN através de fertilizante químico (N_1) (421). No entanto, N_3 e N_2 permaneceram estatisticamente iguais a N .$_4$

Os tratamentos de vermiwash influenciaram significativamente o número de grãos em espiga^{-1} no milho (Quadro 12). V_2 mostra um maior número de grãos em espiga^{-1} (465) devido a três pulverizações de vermífugo em relação a nenhuma pulverização de vermífugo (V_1) (443).

A interação entre os tratamentos com azoto e com vermífugos não foi significativa.

4.2.4 Peso de ensaio (g)

Uma leitura dos dados (Quadro 12) revela que o peso do teste no milho foi significativamente influenciado por vários tratamentos de gestão do azoto. O N4 registou um peso de ensaio significativamente mais elevado (23,46) do que o N_1 (20,36). Além disso, o N_3 e o N_2 mantiveram-se ao mesmo nível do N4 no que respeita ao peso de ensaio.

Os tratamentos de vermiwash tiveram um aumento notável no peso de teste do milho. V_2 mostra maior peso de teste devido a três pulverizações de vermiwash sobre V $_1$

O efeito de interação entre os tratamentos com azoto e vermífugo foi considerado não significativo no peso do teste.

4.2.5 Rendimento de grãos (kg ha)$^{-1}$

Uma avaliação dos dados no Quadro 13 revela que vários tratamentos de azoto influenciaram significativamente o rendimento de grãos no milho. O rendimento máximo de grãos (5261 kg ha^{-1}) foi registado com 50% de RDN através de fertilizante químico + 25% através de biocomposto + 25% através de vermicomposto (N_4), que foi igual a 75% de RDN através de fertilizante químico + 25% através de vermicomposto (N_3) (5248 kg ha^{-1}) e 75 % RDN através de fertilizante químico + 25 % através de biocomposto (N_2) (5148 kg ha^{-1}) mas estatisticamente superior a 100 % RDN através de fertilizante químico (N_1) (4498 kg ha^{-1}).

Os dados sobre o rendimento de grãos no milho foram significativamente influenciados pelos tratamentos de vermífugo e são apresentados no Quadro 13. V_2 mostra um rendimento de grãos mais elevado (5306 kg ha^{-1}) devido a três pulverizações de vermífugo em comparação com a não pulverização de vermífugo (V_1) (4771 kg ha^{-1}).

As interações entre os tratamentos com azoto e com vermífugos não exerceram qualquer efeito significativo no rendimento de grãos do milho.

4.2.6 Rendimento do caule (kg ha $)^{-1}$

Uma avaliação dos dados no Quadro 13 revela que vários tratamentos de gestão do azoto influenciaram significativamente o rendimento do milho. O rendimento de palha significativamente mais elevado (7405 kg ha^{-1}) foi registado em N_4 , mas N_3 e N_2 permaneceram ao mesmo nível que N_4 . O rendimento de palha significativamente mais baixo (6060 kg ha^{-1}) foi registado no tratamento N_1 .

Quadro 13: Rendimento de grãos e de palha e índice de colheita do milho influenciados pelos tratamentos com azoto e com vermífugos

Tretments	Grain yield (kg ha^{-1})	Stover yield (kg ha^{-1})	Harvest index (per cent)
Nitrogen			
N_1	4498	6060	41.31
N_2	5148	6971	42.51
N_3	5248	7226	42.10
N_4	5261	7405	41.63
S. Em. ±	181	221	1.19
C.D. at 5%	528	647	NS
Vermiwash			
V_1	4771	6577	41.74
V_2	5306	7253	42.03
S. Em. ±	128	156	0.84
C.D. at 5%	373	458	NS
Interaction			
N x V	NS	NS	NS
C.V. %	10.16	9.07	8.03

Os dados relativos ao rendimento de palha do milho influenciado pelos tratamentos de vermifugação são apresentados no quadro 13, que foi significativamente influenciado pelos diferentes tratamentos de vermifugação. O tratamento V_2 apresenta um rendimento de palha mais elevado (7253 kg ha^{-1}) do que o tratamento V_1 (6577 kg ha^{-1}).

A interação entre o azoto e os tratamentos de vermifugação não foi significativa no que diz respeito ao rendimento do caule.

4.2.7 Índice de colheita

Os dados médios constantes do quadro 13 mostram que os vários tratamentos com azoto não são significativos no que diz respeito ao índice de colheita do milho.

No quadro 13 do índice de colheita, verificou-se que os tratamentos com vermiwash não atingiram o nível de significância

As interações entre os tratamentos com azoto e com vermífugos não se revelaram significativas.

4.3Análise química

4.3.1 Planta

4.3. 1. 1 Teor de N, P e K no grão e no caule

Os dados relativos ao teor de N, P e K no grão e na palha de milho, influenciados pelos tratamentos com azoto, são apresentados nos quadros 14 e 15. O teor máximo de N, P e K no grão (1,863, 0,187 e 0,520 por cento, respetivamente) e no caule (0,579, 0,189 e 1,629 por cento, respetivamente) foi registado em N_4 , que foi estatisticamente igual aos tratamentos N_3 e N_2 .

Três pulverizações de vermífugo (V_2) mostram um teor significativamente mais elevado de N, P e K, tanto no grão como no caule, em comparação com a não pulverização de vermífugo (V_1).

A interação entre os tratamentos com azoto e vermífugo não foi significativa.

4.3.1.2 Absorção de N, P e K pelo grão e pelo caule

Entre os tratamentos com azoto, 50% de RDN através de fertilizante químico + 25% através de biocomposto + 25% através de vermicomposto (N_4) mostrou superioridade sobre 100% de RDN através de fertilizante químico (N_1). (Quadros 16 e 17) A absorção de N, P e K pelo grão e pelo caule foi mais elevada no tratamento N4, seguido dos tratamentos N_3 e N_2 . A absorção significativamente mais elevada (N, P e K 98, 10 e 27 kg ha^{-1} , respetivamente) pelo grão e pelo caule (N, P e K 42, 14 e 120 kg ha^{-1} , respetivamente) foi registada no tratamento N_4 . A quantidade de N, P e K acumulada pelo milho com diferentes tratamentos de azoto apresentou a ordem $N_4 > N_3 > N_2 > N_{.1}$

A análise dos dados (quadros 1 6 e 1 7) revelou que a absorção de N, P e K pelo grão e pelo caule do milho foi significativamente influenciada pelos diferentes tratamentos de vermífugo. O tratamento V2 mostra uma maior absorção de N, P e K pelo grão e pelo caule, em comparação com o tratamento sem vermífugo (V_1).

A interação entre os tratamentos com azoto e com vermífugos não foi significativa no que respeita à absorção de N, P e K pelo grão e pelo caule

Quadro 14: Teor de N, P e K no grão de milho, influenciado por tratamentos com azoto e vermífugo (por cento)

Tretments	N content	P content	K content
Nitrogen			
N_1	1.737	0.171	0.466
N_2	1.836	0.183	0.497
N_3	1.857	0.184	0.499
N_4	1.863	0.187	0.520
S. Em. ±	0.027	0.003	0.009
C.D. at 5%	0.079	0.008	0.02
Vermiwash			
V_1	1.766	0.175	0.474
V_2	1.881	0.188	0.517
S. Em. ±	0.019	0.012	0.006
C.D. at 5%	0.056	0.002	0.019
Interaction			
N x V	NS	NS	NS
C.V. %	4.20	4.70	5.32

Quadro 15: Teor de N, P e K no caule de milho influenciado pelos tratamentos com azoto e vermífugo (por cento)

Tretments	N content	P content	K content
Nitrogen			
N_1	0.483	0.173	1.537
N_2	0.565	0.183	1.603
N_3	0.568	0.185	1.615
N_4	0.579	0.189	1.629
S. Em. ±	0.011	0.002	0.018
C.D. at 5%	0.034	0.008	0.053
Vermiwash			
V_1	0.522	0.178	1.569
V_2	0.576	0.187	1.623
S. Em. ±	0.008	0.002	0.013
C.D. at 5%	0.024	0.006	0.038
Interaction			
N x V	NS	NS	NS
C.V. %	6.14	4.53	3.26

Quadro 16: Absorção de N, P e K pelo grão de milho influenciada pelos tratamentos com azoto e vermífugo (kg ha^{-1})

Tretments	N content	P content	K content
Nitrogen			
N_1	78	7	21
N_2	94	9	25
N_3	97	10	26
N_4	98	10	27
S. Em. ±	3.31	0.33	1.02
C.D. at 5%	9.68	0.96	2.98
Vermiwash			
V_1	84	8	22
V_2	100	10	27
S. Em. ±	2.34	0.23	0.72
C.D. at 5%	6.84	0.68	2.10
Interaction			
N x V	NS	NS	NS
C.V. %	10.17	10.18	11.51

Quadro 17: Absorção de N, P e K pela palha de milho, influenciada pelos tratamentos com azoto e vermífugo (kg ha^{-1})

Tretments	N content	P content	K content
Nitrogen			
N_1	29	10	93
N_2	39	12	111
N_3	41	13	116
N_4	42	14	120
S. Em. ±	1.42	0.47	3.95
C.D. at 5%	4.14	1.39	11.54
Vermiwash			
V_1	34	11	103
V_2	41	13	117
S. Em. ±	1.00	0.33	3.95
C.D. at 5%	2.93	0.98	8.16
Interaction			
N x V	NS	NS	NS
C.V. %	10.50	10.63	10.10

4.3.1.3 Teor de proteínas (por cento) e rendimento proteico (kg ha^{-1})

Os dados sobre o teor de proteínas e o rendimento proteico do milho foram significativamente influenciados pelos tratamentos com azoto e apresentados no Quadro 18. O teor máximo de proteína (11,64 por cento) e o rendimento de proteína 613 kg ha^{-1} foram registados em 50% RDN através de fertilizante químico +25% através de biocomposto +25% através de vermicomposto (N_4) que foi a par de

N_3 e N_2 mas estatisticamente superior a 100% RDN através de químico (N_1).

Quadro 18: Teor de proteínas e rendimento proteico por grão do milho influenciado pelos tratamentos com azoto e vermífugo

Tretments	Protein content (per cent)	Protein yield (kg ha^{-1})
Nitrogen		
N_1	10.85	488
N_2	11.47	592
N_3	11.60	609
N_4	11.64	613
S. Em. ±	0.16	20
C.D. at 5%	0.49	60
Vermiwash		
V_1	11.03	526
V_2	11.75	625
S. Em. ±	0.11	14
C.D. at 5%	0.35	42
Interaction		
N x V	NS	NS
C.V. %	4.20	10.17

Os dados sobre o teor de proteínas e o rendimento proteico do milho foram significativamente afectados pelos tratamentos de vermífugo e são apresentados no Quadro 18. V_2 mostra um teor de proteínas mais elevado (11,75 por cento) e um rendimento proteico (625 kg ha^{-1}) devido a três pulverizações de vermífugo em vez de nenhuma pulverização de vermífugo (v_1).

Não foram observadas interações significativas entre os tratamentos com azoto e com vermífugos.

4.3.2 Estudos do solo

4.3.2.1 N disponível, $P_2 O_5$ e $K_2 O$ no solo (kg ha^{-1})

Os dados apresentados na Tabela 19 mostram que o aumento significativo de N disponível, $P_2 O_5$ e $K_2 O$ foi de 179, 31 e 350 kg ha^{-1}, respetivamente, com o tratamento 50% RDN através de fertilizante químico +25% através de biocomposto +25% através de vermicomposto (N_4) sobre 100 % RDN através de fertilizante químico (N_1). Os valores mais baixos foram registados com N_1 (168, 28 e 343 kg ha^{-1} N, $P_2 O_5$ e $K_2 O$, respetivamente), embora fossem mais elevados em comparação com o estado inicial do solo (166, 27 e 342 kg ha^{-1} N, $P_2 O_5$ e $K_2 O$, respetivamente). No entanto, os tratamentos N_3 e N_2 permaneceram ao mesmo nível que o N_4 no que respeita ao N disponível, $P_2 O_5$ e $K_2 O$.

Os dados da Tabela 19 sobre o teor de N disponível, $P_2 O_5$ e $K_2 O$ no solo não expressaram seu efeito significativo com os diferentes tratamentos de vermifugação.

As interações dos tratamentos com azoto e vermífugo não foram significativas.

Quadro 19: N disponível, $P_2 O_5$ e $K_2 O$ no solo após a colheita da cultura do milho

Tretments	Available N	Available P_2O_5	Available K_2O
Nitrogen			
N_1	168	28	343
N_2	173	29	346
N_3	174	30	348
N_4	179	31	350
S. Em. ±	2.21	0.56	1.45
C.D. at 5%	6.45	1.64	4.24
Vermiwash			
V_1	172	30	345
V_2	175	30	348
S. Em. ±	1.56	0.42	1.02
C.D. at 5%	NS	NS	NS
Interaction			
N x V	NS	NS	NS
C.V. %	3.59	5.56	1.18

4.3.2.2 C orgânico no solo (por cento)

Uma avaliação dos dados (Tabela 20) revelou que a variação dos tratamentos de azoto influenciou significativamente o carbono orgânico no solo, no entanto foi registado um valor significativamente mais elevado em N_4 e um valor menor foi observado no tratamento N1. O carbono orgânico máximo no solo foi registado em N4 (0,50 %), que foi estatisticamente igual aos tratamentos N3 e N2.

Tabela 20 : C orgânico, WHC, porosidade e BD do solo após a colheita da cultura do milho

Treatments	Organic C (per cent)	WHC (per cent)	Porosity (per cent)	Bulk density g/cm^3
Nitrogen				
N_1	0.44	75.80	62.50	1.36
N_2	0.45	76.38	63.63	1.35
N_3	0.45	80.31	63.75	1.35
N_4	0.50	89.68	67.25	1.32
S. Em. ±	0.01	1.68	0.91	0.01
C.D. at 5%	0.04	4.90	2.68	0.02
Vermiwash				
V_1	0.45	80.23	63.56	1.34
V_2	0.46	80.86	65.00	1.34
S. Em. ±	0.01	1.19	0.65	0.01
C.D. at 5%	NS	NS	NS	NS
Interaction				
N x V	NS	NS	NS	NS
C V %	9.08	5.92	4.04	1.97

Os dados da Tabela 20 indicam que o carbono orgânico no solo não foi significativamente influenciado pelos diferentes tratamentos de vermifugação.

A interação entre os tratamentos com azoto e com vermífugos não se verificou.

4.3.2.2 WHC do solo (%)

Os dados relativos ao WHC do solo influenciado pelos tratamentos com azoto e vermífugo são apresentados no Quadro 20. Um valor significativamente mais alto (89,68 %) foi registado em N_4 e um valor baixo (75,80 %) foi observado no tratamento N .$_1$

Os dados relativos ao WHC do solo (Tabela 20) não conseguiram expressar seu efeito significativo sob diferentes tratamentos de vermifugação.

A interação entre os tratamentos com azoto e com vermífugos não foi significativa para o WHC do solo.

4.3.2.3 Porosidade (por cento)

Os dados tabulados no Quadro 20 foram significativamente influenciados pelos tratamentos com azoto. A porosidade máxima do solo, 67,25 por cento, foi registada em N_4 , mas N_1 registou o valor mais baixo.

Os tratamentos de vermiwash não influenciaram significativamente a porosidade do solo.

Os tratamentos com azoto e com vermífugos não tiveram efeitos significativos na porosidade do solo.

4.3.2.4 Densidade a granel (g/cm)^3

A densidade aparente do solo foi marcadamente influenciada pelos tratamentos com azoto, apresentados no Quadro 20. Registou-se uma baixa densidade aparente do solo 1,32 g/cm^3 com a aplicação de 50% de RDN através de fertilizante químico + 25 % através de biocomposto + 25 % através de vermicomposto (N_4). No entanto, os tratamentos N_1 , N_2 e N_3 registaram uma densidade aparente significativamente mais baixa e mantiveram-se ao mesmo nível.

Os dados do Quadro 20 também indicam que a densidade aparente do solo não foi significativamente influenciada pelos diferentes tratamentos de vermifugação.

A interação entre os tratamentos com azoto e com vermífugos não produziu efeitos significativos na densidade aparente do solo.

4.4 Economia

Os dados sobre a economia da cultura do milho influenciada pelos tratamentos com azoto e vermífugo são apresentados no quadro 21. A realização bruta e líquida e o custo de produção por hectare para tratamentos individuais foram calculados com base no rendimento de palha de grão, considerando os preços de mercado prevalecentes.

4.4.1 Efeito dos tratamentos com azoto

Entre os vários tratamentos de azoto, a aplicação de 75 % de RDN através de fertilizante químico + 25 % através de biocomposto (N_2) registou uma realização líquida mais elevada Rs 44141 por ha^{-1} seguido do tratamento 50 % de RDN através de fertilizante químico + 25 % através de biocomposto + 25 % através de vermicomposto (N_4) Rs 42501 por ha .$^{-1}$

Tabela -21: Economia da cultura do milho influenciada pelos tratamentos com azoto e vermífugo

Treatment combination	Yields (kg ha^{-1})		Gross realization (Rs ha^{-1})			Cost of production (Rs ha^{-1})			Net realization (Rs ha^{-1})	BCR
Treatments	Grain	Stover	Grain	Stover	Total	Fixed	Variable	Total		
Nitrogen										
N1	4498	6060	44982.5	7272	52254.5	14551	966.93	15517.93	36736	3.37
N2	5148	6971	51480	8365.5	59845.5	14551	1153.56	15704.56	44141	3.81
N3	5248	7226	52480	8671.5	61151.5	14551	4252.21	18803.21	42348	3.25
N4	5261	7404	52610	8885.55	61495.55	14551	4443.61	18994.61	42501	3.23
Vermiwash										
V1	4771	6577	47714.38	7892.775	55607.15	14551	0	14551	41056.15	3.82
V2	5306	7253	53061.88	8704.5	61766.375	14551	6835.5	21386.5	40380	2.89
A) Selling rate of produced (Rs q^{-1}) Grain : 1000 Stover : 120						B) Variable cost (Rs ha^{-1}) N_1 : 967 V_1 : 00 N_2: 1154 V_2 : 6836 N_3 : 4252 N_4 : 4443				

No entanto, o BCR foi registado mais alto (1:3.81) em N_2 seguido de 100 % RDN através de fertilizante químico (N_1) (1:3.37).

4.4.2 Efeito dos tratamentos de vermiwash

Os cálculos económicos dos tratamentos com vermífugo (quadro 21) revelaram que três pulverizações de vermífugo (V_2) não foram consideradas economicamente viáveis e registaram uma realização líquida inferior, bem como um BCR inferior, em comparação com os tratamentos sem vermífugo (V_1).

V. DISCUSSÃO

Os resultados obtidos no presente inquérito são descritos no capítulo anterior. Neste capítulo, foi feita uma tentativa de discutir os resultados de forma crítica, com as respectivas causas e relações, à luz das provas disponíveis e da literatura.

5.1 Efeito dos parâmetros climáticos

As condições climatéricas prevalecentes durante todo o período de crescimento da cultura foram favoráveis ao crescimento e desenvolvimento normais da cultura do milho (Quadro 1). Não se observou nenhuma incidência grave de doenças e insectos durante todo o período de crescimento. Assim, espera-se que a variação observada nos resultados experimentais se deva principalmente ao efeito do tratamento.

A produtividade de qualquer cultura, bem como o impacto dos tratamentos, depende em grande medida das condições do solo e dos parâmetros climáticos prevalecentes durante o período de crescimento da cultura. Do ponto de vista da fertilidade (Quadro 2), o solo apresentava um baixo nível de N e P_2 disponíveis O_5 , mas estava bem fornecido com K disponível$_2$ O.

5.2 Efeito dos tratamentos com azoto e vermiwash

5.2.1 Efeito na população de plantas

Os dados sobre o stand da planta registados aos 20 DAS e na colheita (Quadro 6) indicaram claramente que as diferenças observadas no stand da planta foram consideradas não significativas devido aos tratamentos com azoto. Também os vários tratamentos de vermífugo não influenciaram significativamente o estande de plantas no milho. Assim, ficou claro que a variação observada nos atributos de crescimento e rendimento, bem como no rendimento da cultura do milho, deveu-se principalmente aos efeitos dos tratamentos e não à população de plantas.

5.2.2 Efeito dos atributos de crescimento

Os resultados apresentados no capítulo anterior mostram

claramente que os vários tratamentos de azoto influenciaram significativamente o crescimento da cultura a partir dos 30 DAS até à colheita do milho. O exame crítico dos Quadros 7-11 mostra que vários atributos de crescimento, nomeadamente a altura da planta (Quadro 7), a acumulação de matéria seca por planta (Quadro 8), o índice de área foliar (Quadro 9), os dias para 50 % de borla e silagem (Quadro 10) e os dias para a maturidade fisiológica (Quadro 11) registados em intervalos periódicos foram significativamente influenciados devido a vários manejos de azoto. A aplicação de 50 % de RDN através de fertilizante químico + 25 % através de biocomposto + 25 % de RDN através de vermicomposto melhorou significativamente o crescimento em termos de altura da planta, acumulação de matéria seca por planta e índice de área foliar em relação ao tratamento 100% de RDN através de fertilizante químico. No entanto, foi estatisticamente igual a N_2 e N_3 . Isto deve-se provavelmente ao facto de o biocomposto e o vermicomposto fornecerem nutrientes importantes e micro-nutrientes, assegurando assim uma nutrição equilibrada das plantas, além de melhorar as propriedades físicas, químicas e biológicas do solo. Estes resultados corroboram as conclusões de Thakur e Singh (1990), Jadhav *et al* (1992), Anon. (1997), Grazia *et al.* (2003), Singh *et al.* (2003), Tripathi *et al.* (2007), Channabasanagowda (2008) e Kumawat (2010).

Os dias necessários para 50 por cento de desfolhamento e silagem, de acordo com a Tabela 10, foram notavelmente reduzidos com a aplicação de 50 % de N através de fertilizante químico + 25 % através de biocomposto + 25 % de N através de vermicomposto, o que foi comparável com 75 % de N através de fertilizante químico + 25 % de N através de biocomposto e, 75% através de fertilizante químico + 25 % de N através de vermicomposto, em comparação com a aplicação de 100 % de N através de fertilizante químico. Presume-se que o fornecimento integrado de N através de fertilizante químico e adubo orgânico fez avançar o despontar e a ensilagem do milho em relação ao fertilizante químico, devido a uma melhor nutrição das plantas e a um ambiente favorável ao crescimento e desenvolvimento das raízes.

Os dados apresentados nas Tabelas (7-9) revelam que a aplicação de três pulverizações de vermífugo registou valores significativamente mais elevados de atributos de crescimento, como altura da planta (Tabela 7), acumulação de matéria seca por planta (Tabela 8) e LAI (Tabela 9), em comparação com a não pulverização de vermífugo. Isto pode ser atribuído à presença de hormonas de crescimento, enzimas e outras secreções de minhocas que podem estimular o crescimento e desenvolvimento da cultura e até desenvolver resistência nas culturas. Vermiwash certamente teria os nutrientes solúveis das plantas, além de alguns ácidos orgânicos e muco de minhocas e micróbios que influenciam os atributos de crescimento. (Shivsubramanian e Ganeshkumar., 2004).

Os dados dados na Tabela 10 revelam ainda que o período para 5 0 p er c entas de colheita e silagem no milho foi significativamente reduzido (55 e 59 dias) devido à pulverização de vermiwash em comparação com a não pulverização de vermiwash. Isto deve-se à presença de hormonas de crescimento e nutrientes na vermifugação, que afectam favoravelmente o crescimento e o desenvolvimento das plantas, levando a um despontar precoce e à silagem das plantas. Estes resultados estão de acordo com as conclusões de Kale *et al.* (1987) e Thangavel (2003).

5.2.3 Efeito nos atributos de rendimento e no rendimento

Vários atributos de rendimento, *como* o comprimento da espiga (quadro 12), a circunferência da espiga (quadro 12), o número de grãos da espiga^{-1} (quadro 12), o peso de ensaio (quadro 12), o rendimento do grão e do caule (quadro 13) foram significativamente influenciados pelos tratamentos com azoto.

O tratamento que recebeu 50 % de azoto através de fertilizante químico + 25 % de azoto através de biocomposto + 25 % de azoto através de vermicomposto (N_4) registou um rendimento significativamente mais elevado de grão (5261 kg ha^{-1}) e de palha (7405 kg ha^{-1}), estando ao mesmo nível que os tratamentos que receberam 75 % de RDN através de fertilizante químico + 25 % através de biocomposto (N_2) e 75% de RDN através de fertilizante químico +25% através de vermicomposto (N_3). O maior rendimento de sementes e de palha com tratamentos de gestão integrada do azoto pode dever-se a um aumento notável dos atributos de rendimento, como o comprimento da espiga, a circunferência da espiga, o número de grãos por espiga e o peso de teste. Isto deve-se a um fornecimento adequado de fotossintatos para o desenvolvimento de uma nutrição equilibrada com gestão integrada do azoto. Estas constatações são corroboradas pelas relatadas por Jeyabal *et al.* (1998), Desai *et al.* (1999), Hussaini *et al.* (2001), Pattanshetti *et al.* (2002), Singh *et al.* (2003), Kar *et al.* (2006), Kumar *et al.* (2007) e Sujatha *et al.* (2008).

Os diferentes tratamentos de gestão do azoto não tiveram qualquer efeito significativo no índice de colheita. Resultados semelhantes foram também registados por Porwal e Jain (1999) em Banswara (Rajasthan).

O comprimento da espiga, a circunferência da espiga, o número de grãos por espiga e o peso do teste (Quadro 12) foram significativamente influenciados pelos tratamentos de vermifugação. Isto é atribuído em grande parte ao melhor crescimento das plantas em termos de altura da planta e acumulação de matéria seca por planta devido à pulverização de vermiwash que levou ao fornecimento adequado de fotossintatos, bem como ao fornecimento direto de grandes e micronutrientes para o desenvolvimento de espigas e grãos (Radhakrishnan 2009). Além disso, hormonas de crescimento, enzimas e outros substratos orgânicos em vermiwash foram também supostos para afetar favoravelmente os atributos de rendimento.

O tratamento que recebeu três pulverizações de vermífugo produziu um rendimento significativamente mais elevado de sementes (5306 kg ha^{-1}) e de palha (7253 kg ha^{-1}) do que o tratamento sem vermífugo. A melhoria do rendimento de grão e de palha pode dever-se a um aumento significativo dos atributos de rendimento como o comprimento da espiga, a circunferência da espiga e os grãos por espiga, o que, em última análise, resultou numa maior produtividade. Os resultados foram apoiados pelas conclusões de Buckerfield *et al.* (1999), Thangavel (2003), Ansari (2008) e Gopal *et al.* (2010).

Os tratamentos de vermiwash não afectaram significativamente o índice de colheita.

5.2.4Efeito nos parâmetros de absorção e qualidade

O teor de N, P e K no grão e no caule e a sua absorção foram significativamente influenciados por diferentes tratamentos de gestão do azoto. A aplicação de 50 % de RDN através de fertilizante químico + 25 % de RDN através de biocomposto + 25 % de RDN através de vermicomposto (N4) foi igual a (N_2) e (N3). Assim, o conteúdo de NPK aumentou significativamente e a sua absorção tanto no grão como no caule. Pode deduzir-se que os compostos complexos de N nos adubos orgânicos se decompõem lentamente e fornecem N de forma constante ao longo do período de crescimento da cultura, o que pode ter levado a uma maior disponibilidade de N e à sua subsequente absorção pela cultura (Naidu *et al.* 2009). Além disso, a adição de adubos orgânicos pode ter reduzido as perdas de N dos fertilizantes químicos, levando a uma maior disponibilidade de N para as plantas. O aumento da absorção de fósforo e potássio devido à gestão integrada do azoto pode ser atribuído a uma maior disponibilidade destes nutrientes na rizosfera devido aos adubos orgânicos (Shashidhara., 2000).

É evidente a partir dos resultados apresentados na (Tabela 14-17) que a pulverização de vermiwash melhorou significativamente o conteúdo de NPK e a absorção de NPK tanto no grão como no caule em comparação com a não pulverização de vermiwash. Isto deveu-se à pulverização foliar de vermiwash que forneceu diretamente nutrientes às partes em crescimento. Estes resultados estão em linha com os relatados por Gopal *et al.* (2010).

O teor de proteínas e o rendimento proteico (Quadro 18) foram significativamente melhorados com a gestão integrada do azoto. O tratamento N4 registou um teor de proteínas significativamente mais elevado (11,64 por cento) e um rendimento proteico (613 kg ha^{-1}) e manteve-se estatisticamente a par com N_2 e N_3 , enquanto que os valores mais baixos foram registados sob 100 % RDN através de fertilizante químico. Isto deve-se principalmente ao aumento notável do teor de N no grão e do rendimento do grão devido aos tratamentos de gestão integrada do azoto em relação ao tratamento que recebe a dose completa de azoto através de fertilizante químico. Os resultados corroboram os resultados registados por Puntamkar *et al.* (1965), Chowdhary e Rosario (1992), Anon (1997), Thakur *et al* (1998), Padmaja *et al.* (1999), Reddy e Reddy (1999), Raja (2001), Kumar *et al.* (2007) e Raj *et al.* (2007).

O teor de proteínas e o rendimento proteico foram notavelmente mais elevados com três pulverizações de vermiwash (V_2) (11,75 por cento e 625 kg ha^{-1} , respetivamente) em comparação com a não vermiwash (V_1). Isto é principalmente atribuído ao aumento significativo do teor de azoto e do rendimento do grão devido à vermifugação, que resultou num aumento notável do teor de proteínas e do rendimento proteico. Estes resultados confirmam as conclusões de Gopal *et al.* (2010).

5.2.5 Efeito no estado do C orgânico e dos nutrientes disponíveis após a colheita

O C orgânico e o N disponível N, P_2 O_5 e K_2 O no solo após a colheita foram significativamente influenciados pelas diferentes opções de gestão do N. A aplicação de 50 % de RDN através de fertilizante químico + 25 % de RDN através de biocomposto + 25 % de RDN através de vermicomposto (N4) aumentou significativamente o carbono orgânico (0,59 por cento) e o N disponível, P_2 O_5 e K_2 O (179, 31 e 373 kg ha^{-1}) no solo após a colheita. Os tratamentos N_4 , N_2 e N_3 , estando a par, melhoraram significativamente o C orgânico e o N disponível, P_2 O_5 e K_2 O no solo após a colheita em relação ao N_1 . Isto deveu-se principalmente à libertação lenta de N dos adubos orgânicos, evitando assim perdas através da volatilização de NH_3 , desnitrificação e lixiviação de NO $_3^-$. A melhoria do C orgânico e do P_2 disponível O_5 e do K_2 O foi atribuída à adição de adubos orgânicos em tratamentos de gestão integrada do azoto. Resultados semelhantes foram encontrados por Jambhekar (1991), Gunjal e Nikam (1992), Kale (1994), Sharma (2001), Schulz *et al.* (2006), Tabu *et al.* (2006), Venkatesh *et al.* (2007) e Ahmad *et al.* (2008).

Os tratamentos de vermifugação não afectaram significativamente o C orgânico e o NPK disponível no solo após a colheita.

5.2.6 Efeito na porosidade e WHC

A porosidade do solo e a capacidade de retenção de água foram significativamente influenciadas pelas diferentes opções de gestão do azoto. A aplicação de 50 % de RDN através de fertilizante químico + 25 % de RDN através de biocomposto + 25 % de RDN através de vermicomposto (N_4) aumentou significativamente a porosidade e a capacidade de retenção de água do solo após a colheita. No entanto, a porosidade e a capacidade de retenção de água mais baixas (62,50 e 75,80 por cento, respetivamente) foram registadas no tratamento N_1 , que se manteve a par com N_2 e N_3 . A melhoria da porosidade do solo, particularmente a micro-porosidade desenvolvida devido à adição de adubos orgânicos, resultou, em última análise, numa maior capacidade de retenção de água do solo. Estes resultados apoiam as conclusões de Chauhan *et al.* (2008).

5.2.7 Efeito na densidade aparente do solo

A densidade aparente do solo foi significativamente influenciada pelos diferentes tratamentos de gestão de N. A aplicação de 50% de RDN através de fertilizante químico + 25 % de RDN através de biocomposto + 25 % de RDN através de vermicomposto (N_4) diminuiu significativamente a densidade aparente do solo após a colheita. Os tratamentos N_1 , N_2 e N_3 foram estatisticamente iguais e registaram uma maior densidade aparente em comparação com o tratamento N4. A diminuição da densidade aparente com a adição de biocomposto e vermicomposto pode ser atribuída à aplicação de matéria orgânica com baixa densidade aparente. Os resultados relativos ao solo estão de acordo com os resultados de Vasanthy e Kumarswawmy (1999), Azarmi *et al.* (2008).

5.2.8 Efeito na economia

A escolha e a adoção de quaisquer práticas pelo agricultor são principalmente guiadas pela economia, *ou seja, a* realização líquida e a RBC gerada. Entre os vários tratamentos de azoto, juntamente com 75% de RDN através de fertilizante químico + 25 % de RDN através de biocomposto (N_2) registou maior realização líquida Rs 44141 por ha^{-1} seguido pelo tratamento 50 % de RDN através de fertilizante químico + 25 % através de biocomposto + 25 % através de vermicomposto (N_4) Rs 42501 por ha^{-1} . No entanto, o BCR foi registado mais alto (1:3.81) em N_2 seguido de 100 % RDN através de fertilizante químico (N_1) (1:3.37).

Isto deve-se aos baixos valores do biocomposto e aos altos valores do vermicomposto.

A economia da vermiwash registou uma realização líquida inferior de Rs 40.380 e BCR (1:2,89) com três pulverizações de vermiwash (v_2). Estes resultados apoiam as conclusões de Gopalreddy (1977), Chandrashekhar *et al.* (2000), Kumar *et al.* (2007) e Channabasanagowda (2008). Estes resultados indicam que os tratamentos

75% RDN através de fertilizante químico + 25 % RDN através de biocomposto (N_2) foram económicos para a cultura do milho nas condições do Sul de Gujarat.

VI. RESUMO E CONCLUSÃO

Foi realizada uma experiência de campo durante a época de *rabi* de 2009-10 na quinta da faculdade, N.M. College of Agriculture, Navsari Agricultural University, Navsari, para estudar a resposta do milho *rabi* (*Zea mays L*) à gestão integrada do azoto com e sem vermiwash, com os seguintes objectivos gerais

1. Estudar o efeito da gestão integrada do azoto na produtividade do milho *rabi*.
2. Estudar o efeito da pulverização de vermífugo na produtividade do milho *rabi*.
3. Calcular os custos económicos dos diferentes tratamentos.

Um total de oito combinações de tratamentos, incluindo quatro tratamentos de azoto (N_1 :100 % RDN através de fertilizante químico, N_2 : 75 % RDN através de fertilizante químico + 25 % através de biocomposto, N_3 :75% RDN através de fertilizante químico +25% através de vermicomposto, N_4 : 50 % RDN através de fertilizante químico + 25 % através de biocomposto e 25 % através de vermicomposto) e dois tratamentos de vermífugo (V_1 : Três pulverizações de vermífugo, V_2 : sem pulverização de vermífugo) foram avaliados num esquema de blocos aleatórios com quatro repetições. O solo da parcela experimental era de textura argilosa, baixo em azoto, médio em fósforo disponível, bastante rico em potássio disponível e ligeiramente alcalino em reação. Os resultados apresentados e discutidos nos capítulos anteriores são resumidos aqui.

6.1Efeito dos tratamentos azotados

1. Os vários tratamentos de azoto não mostraram qualquer efeito significativo no estande de plantas aos 20 DAS e na colheita.
2. Quase todos os caracteres que atribuem crescimento *viz*, altura da planta, índice de área foliar, acumulação de matéria seca e dias até à maturidade fisiológica foram significativamente influenciados pelos tratamentos de azoto. O tratamento de 50 % RDN através de fertilizante químico + 25% através de biocomposto + 25 % através de vermicomposto (N4) registou valores significativamente mais elevados para a maioria destes

caracteres do que o tratamento de 100% RDN através de fertilizante químico (N_1). No entanto, os tratamentos N_2 e N_3 mantiveram-se a par do N .4

3 . A variação dos tratamentos com azoto exerceu uma influência significativa nos dias necessários para 50% de desfolhamento e ensilagem do milho. O tratamento de 50 % de RDN através de fertilizante químico + 25 % através de biocomposto + 25 % através de vermicomposto (N4) adiantou o despontar e a ensilagem em cerca de uma semana em relação ao tratamento de 100 % de RDN através de fertilizante químico (N_1).

4. índice de área foliar (30, 60, 90 DAS e na colheita) significativamente influenciado pelos tratamentos de azoto. O tratamento de 50 % RDN através de fertilizante químico + 25 % através de biocomposto + 25 % através de vermicomposto (N_4) registou um LAI significativamente mais elevado (1.13, 2.18, 2.37 e 2.29 aos 30, 60, 90DAS e na colheita, respetivamente) sobre o tratamento de 100% RDN através de fertilizante químico (N_1).

5. Quase todos os caracteres que contribuem para o rendimento do milho foram significativamente influenciados por diferentes tratamentos de azoto. O tratamento de 50% RDN através de fertilizante químico + 25 % através de biocomposto + 25 % através de vermicomposto (N_4) registou valores significativamente mais elevados para quase todos os caracteres do que o tratamento de 1 00% RDN através de fertilizante químico (N_1).

6. Os rendimentos de grãos e de palha do milho foram significativamente influenciados por diferentes tratamentos com azoto. O tratamento de 50 % RDN através de fertilizante químico + 25 % através de biocomposto + 25 % através de vermicomposto (N_4) foi igualmente bom mas significativamente superior em grão e palha (5261 e 7405 kg ha^{-1}) ao tratamento de 100 % RDN através de fertilizante químico (N_1) para

ambos os caracteres. A cultura cultivada sob o tratamento de 50 % de RDN através de fertilizante químico +25% através de biocomposto +25% através de vermicomposto aumentou o rendimento de grão em 763 kg ha^{-1} e o rendimento de palha em 1345 kg ha^{-1} , respetivamente, em relação ao tratamento de 100 % de RDN através de fertilizante químico (N_1). Os tratamentos N_2 e N_3 registaram um rendimento de grãos 14,45 e 16,67 por cento superior ao N1.

7. Os vários tratamentos com azoto não conseguiram expressar o seu efeito significativo no índice de colheita do milho.

8. Em termos de teor e absorção de N, P e K, verificaram-se diferenças significativas no tratamento com azoto: 50 % RDN através de fertilizante químico + 25% através de biocomposto + 25% através de vermicomposto (N_4).

   Os tratamentos N_2 , N_3 e N_4 registaram uma absorção de N 34, 41 e 44 por cento superior à do N1.

9. A qualidade em termos de teor de proteína e rendimento de proteína por grão no grão de milho mostrou um efeito significativo no tratamento de 50 % RDN através de fertilizante químico + 25 % através de biocomposto + 25 % através de vermicomposto (N_4) (11,64 por cento e 613 kg ha^{-1}).

10. O N disponível, o P_2O_5 e o K_2O foram significativamente mais elevados (179, 31 e 350 kg ha^{-1} , respetivamente) em 50 % RDN através de fertilizante químico + 25 % RDN através de biocomposto + 25 % RDN através de vermicomposto (N_4) em relação a 100% RDN através de fertilizante químico (N_1). No entanto, o C orgânico, o WHC, a porosidade foram mais elevados e a densidade aparente foi mais baixa no tratamento N_4

11. Do ponto de vista económico, o tratamento de 75 % RDN através de fertilizante químico + 25 % através de biocomposto (N_2) registou uma maior realização líquida Rs 44141 por ha^{-1} e BCR 1:3.81.

6.2 Efeito dos tratamentos de vermiwash

1. Todos os tratamentos de vermiwash não diferiram significativamente entre si no que diz respeito ao stand de plantas.

2. A cultura cultivada sob o tratamento de três pulverizações de vermífugo (V_2) registou plantas mais altas 58,04, 147,06, 174,79 e 177,49 aos 30, 60, 90 DAS e na colheita, respetivamente, do que o tratamento sem pulverização de vermífugo (V_1). No entanto, o índice de área foliar e a acumulação de matéria seca da planta^{-1} foram significativamente maiores no tratamento V2 em comparação com o tratamento sem pulverização de vermífugo (v1).

3. O tratamento com três pulverizações de vermífugo (V_2) adiantou o despontar e a silagem do milho em cerca de quatro dias em relação ao tratamento sem pulverizações de vermífugo (V_1).

4. No que diz respeito ao índice de área foliar, o tratamento de três pulverizações de vermífugo (V_2) foi máximo 1,18, 2,24, 2,36 e 2,26 aos 30, 60, 90 DAS e na colheita, respetivamente, em relação a nenhuma pulverização de vermífugo (V_1).

5. Todos os caracteres que atribuem rendimento ao milho foram significativamente influenciados por diferentes tratamentos de vermífugo. A cultura cultivada no tratamento de três pulverizações de vermífugo (V_2) registou valores significativamente mais elevados para quase todos os atributos de rendimento do que no tratamento sem pulverização de vermífugo (V_1).

6. No que diz respeito ao rendimento do grão, os tratamentos de três pulverizações de vermiwash (V_2) registaram um rendimento de grão significativamente mais elevado (5306 kg ha-^{1}) do que o tratamento sem pulverizações de vermiwash (V_1) (4771 kg ha-^{1}). A cultura cultivada no tratamento de três pulverizações de vermífugo aumentou o rendimento de grãos em 535 kg ha^{-1} , respetivamente, em relação ao

tratamento sem pulverização de vermífugo (V_1). No caso do rendimento de palha, os tratamentos com três pulverizações de vermífugo (V_2) registaram um rendimento de palha significativamente mais elevado (7253 kg ha^{-1}) do que o tratamento sem pulverizações de vermífugo (6577 kg ha^{-1}). As culturas cultivadas nos tratamentos de três pulverizações de vermífugo aumentaram o rendimento do caule em 10,28 por cento em relação ao tratamento sem pulverizações de vermífugo (V_1).

7. O índice de colheita do milho diz respeito aos tratamentos com três pulverizações de vermífugo (V_2) que registaram valores numericamente mais elevados do que o tratamento sem pulverização de vermífugo (V_1).

8. Em termos de teor e absorção de N, P e K, registaram-se diferenças significativas no tratamento com três pulverizações de vermiwash (V_2).

9. A qualidade em termos de teor de proteínas e rendimento proteico do grão de milho mostrou um efeito significativo com três pulverizações de vermífugo (V_2) (11,75 por cento e 625 kg ha^{-1} respetivamente) em relação a nenhuma pulverização de vermífugo (V_1).

10. Vários tratamentos de vermiwash não conseguiram expressar o seu efeito significativo no N disponível no solo, P_2O_5, K_2O, WHC, C orgânico, densidade aparente e porosidade.

11. Do ponto de vista económico, a realização líquida e os valores BCR indicam a não viabilidade da pulverização de vermífugo para o milho GM-3 nas condições de Gujarat do Sul.

6.3. Efeito de interação

Em todos os casos, crescimento, atributos de rendimento e rendimento, teor e absorção de proteínas e estado do solo não foram significativos.

CONCLUSÃO

Com base nos resultados obtidos na presente investigação, pode concluir-se que, para obter um rendimento mais elevado e rentável do milho (cv. Gujarat Maize-3), bem como para manter a fertilidade do solo, a cultura deve ser fertilizada com 75% de RDN através de fertilizante químico + 25% através de biocomposto nas condições do Sul de Gujarat.

FUTURO RAMO DE ACTIVIDADE

Com base nas presentes conclusões, são feitas as seguintes sugestões para futuras linhas de trabalho.

- Devem ser efectuadas experiências para estudar a resposta do milho à gestão integrada de nutrientes e, em particular, à pulverização com vermífugo.
- O estudo deve ser realizado em diferentes situações agro-ecológicas da zona para fazer recomendações válidas para o agricultor.

REFERÊNCIAS

Ahmad, R.; Khalid, A.; Arshad, M.; Zahir, Z. A. e Mahmood, T. (2008). Efeito do composto enriquecido com N e L-triptofano no solo e no milho. *Agronomia para o desenvolvimento sustentável.* **28** (2): 299- 305.

Anónimo (1997). Annual progress report, part-I: *Kharif* 1996, All India co-ordinate project for research on forage crops, IGFRI, Jhansi. Índia.

Anónimo (2008-09). Area and production of maize in India (Área e produção de milho na Índia). Direção de Economia e Estatística, Governo da Índia.

Ansari, A. A. (2008). Efeito do vermicomposto e da vermiwash na produtividade de Espinafre, Cebola e Batata. *World. J. Agric.Sci.,* **4** (5): 554-557.

Ashokan, K. V. (2008). Potencial do vermicomposto como meio de crescimento de plantas. *Jornal de investigação SKUAST-J.* **7**(2): 243-247

Atlavinyte, O.; Daciulyte, J. e Luganska, A. (1971). Correlação entre o número de minhocas, microrganismos e B_{12} em solo fertilizado com palha. Liet. TSR Mokslu. Akad. Darb., Ser. B. **3**: 43-56.

Azarmi, R.; Giglou, M. T. e Taleshmikail, R. D. (2008). Influência do vermicomposto nas propriedades químicas e físicas do solo no tomate. *African J. of biotechnology,* **7** (1 4) : 2397-240 1 .

Bangarwa, A. S.; Kairon, M. S. e Singh, K. P. (1988). Efeito da densidade das plantas e do nível e proporção da fertilização com azoto no crescimento, rendimento e componentes do rendimento do milho de inverno. Indian J. Agric. Sci., **58** (11): 854-856.

Baruah T. C. e Bartakur, H. P. (1999). A Text Book of Soil Analysis. Segunda edição, Vikal Publishing House. Pvt,. Ltd, New Delhi.

Bhuiya, Z. H. e Chowdhary, S. U. (1974). Effect of N, P, K and S on the protein and oil content of groundnut grown in Bharahmaputra flood plain soil. *Indian J. Agril. Sci.*, **44**(11): 751-754.

Bindhani, A.; Barik, K. C.; Garnayak, L. M. e Mahapatra, P. K. (2007). Gestão do azoto no milho para bebé (*Zea mays*). *Indian Journal of Agronomy,* **52** (2):135-138.

Bindhani, A.; Barik, K. C.; Garnayak, L. M. e Mahapatra, P. K. (200 8) . Productivity and nitrogen-use efficiency of baby corn (*Zea mays)* at different level s and timing of nitrogen application under rainfed conditions . *Indian Journal of Agricultural Sciences,* **78** (7): 629-631.

Black, C. A. (1965). "Métodos de análise do solo" parte I. The American Soc. Of Agronomy, Inc.; Madison, Wisconsin, U.S.A.: 374-377.

Buckerfield, J. C.; Flavel, T. C.; Webster, K. A.; Diazcozin, D. e Garvin, M. H. (1999). Vermicomposto em formas sólidas e líquidas como promotor de crescimento de plantas. *Sexto simpósio internacional sobre ecologia de minhocas, Vigo. Sain. Pedobiologia,* **43**: 753-759.

Chandrashekhara, C. P.; Harlapur S. I.; Muralikrishna, S. e Girijesh, G. K. (2000). Resposta do milho (*Zea mays* L.) a adubos orgânicos com fertilizantes inorgânicos. *Karnataka J. Agric. Sci.,* **13** (1): 144-146.

Channabasanagowda, N. K.; Patil, N. K.; Awaknavar, B. T.; Ninganur, B. T. e Hunje, R. (2008). Efeito de adubos orgânicos no crescimento, rendimento de sementes e qualidade do trigo. *Karnataka J. Agric. Sci.,* ***21*** (3): 366-368.

Chauhan, N.; Singh, M. P.; Singh, A.; Singh, A. K.; Chauhan, S. S. e Singh, S. B. (2008). Efeito da aplicação de biocomposto na cultura da cana-de-açúcar. *J. of Sugar Tech.,* **10** (2): 174-176.

Chowdhary, M. K. e Rosario, L. (1992). Eficiência de utilização do azoto aplicado em relação às vantagens de rendimento na cultura intercalar milho/feijão-mungo. *Field Crops Res.,* **30**: 41-51.

Correa, M. (200 1). O impacto dos microrganismos eficazes em vários sistemas agrícolas. Permacultura.

Datt, A. K., (1948). As minhocas e a agregação do solo. Am. Soc. Soil Sci. J. 40:

437-440.

Desai, V. R.; Sabale, R. N. e Raunda, P. U. (1999). Gestão integrada do azoto no sistema de cultivo trigo-coriandro. *J. Maharashtra Agri. Univ.*, **24** (3): 273-275.

Gaur, B. L.; Mansion, P. R. e Gupta, D. C. (1992). Effect of nitrogen levels and their splits on yield of winter maize *Indian Journal of Agronomy,*

Gaur, K. C. (1967). Estimativa dos sais solúveis totais do solo. *Practical Agril. Chem.,* 64-66.

Gopal, M.; Gupta, A.; Palaniswami, C.; Dhanapal, R. e Thomas, G. V. (2010). Coconut leaf vermiwash: um bio-líquido de vermicomposto de folhas de coco para melhorar as capacidades de produção de culturas do solo. *Ciência atual,* **98**: (9)
1202-1210.

Gopalreddy, B., (1997). Saúde do solo sob gestão integrada de nutrientes no sistema de cultivo milho-soja. Tese de doutoramento. Acharya N. G. Ranga Agril. Univ. Hyderabad.

Grazia, J. D.; Tittonell, P. A.; Germania, D.; Chiesa, A. e de- Grazia, J. (2003). Adubação com fósforo e azoto no milho doce (Zea mays L. var. saccharata Bailey). *J. Agric. Res.*, **1** (2): 103-107.

Gunjal, S. S. e Nikam, T. B. (1992). Cultivo de uvas através da criação de minhocas. Actas do Seminário Nacional sobre Agricultura Biológica, M.P.K.V., Faculdade de Agricultura, Pune. 18-19 de abril, 48-50.

Hussaini, M. A.; Ogunlela, V. B.; Ramalal, A. A. e Falaki, A. M. (200 1). Crescimento e desenvolvimento do milho (*Zea mays* L.) em resposta a diferentes níveis de azoto, fósforo e irrigação. *Crop Research,* **22** (2): 141149.

Jackson, M. L. (1967). "Soil Chemical Analysis". Prentice Hall of India, Nova Deli, 183-192.

Jadhav, B. R.; Bhavase, D. B.; Rasal, P. H. e Patil, P. L. (1992). Studies on composting of sugarcane trash by different methods and its evaluation on wheat, Proc, *"National seminar on organic farming, "* Organised by M.P.K.V., College of Agriculture, Pune. 18-19 de abril de 1992.

Jambhekar, H. A. (1 99 1). Efeito do vermicomposto na cana de açúcar plantada em terra salina. Trabalho publicado na conferência de agricultura orgânica, Udaipur. 18-26 de abril de 1991, Rajasthan, Índia.

Jeyabal, A.; Pallaniappan, S. P. e Chelliah, S. (1998). Avaliação do bio-composto à base de lama de prensa no milho. *Madras Agric.J.,* **85 (2):** 148-149.

Kale, R. D.; Bano, K.; Sreenivasa, M. N. e Begyaraj, D. J. (1987). Influência de resíduos de minhoca (Vee. Comp.E.UAS' 83) no crescimento e colonização micorrízica de duas plantas ornamentais. *South Indian Hort.,* **35** (5): 433-437.

Kale, R. D. (1994). Compostagem de resíduos agrícolas através de minhocas. Proc. Nat. Encontro sobre reciclagem de resíduos. Centro de ciência para a era da aldeia, Wardha.

Kanwar, J. S. e Chopra, S. L. (1980). Practical Agricultural chemistry, Kalyani Publishing. Co., Nova Deli.

Kar, P. P.; Barik, K. C.; Mahapatra, P. K.; Garnayk, L. M.; Rata, B. S. ; Bastia, D. K. e Khanda, C. M. (2006). Efeito da geometria de plantação e do azoto no rendimento, na economia e na absorção de azoto do milho doce (*Zea mays*). *Indian Journal of Agronomy,* **51** (1): 43-45.

Kaul, J. N.; Kumar, Mukesh e Brar, Z. S. (1994). Uma análise fisiológica do crescimento, partição de matéria seca e rendimento de grãos de milho de inverno transplantado em relação à gestão do azoto. *J. Res. Punjab Agric. Univ.,* **31** (1): 9-14.

Kumar, M. e Singh, M. (2002). Efeito dos níveis de azoto e fósforo no crescimento e rendimento do milho (*Zea mays* L.) em condições de sequeiro em

Nagaland. *The Andhra Agricultural Journal,* **49** (3): 203-206.

Kumar, P.; Halepyati, A. S.; Pujari, B. T. e Desai, B. K. (2007). Efeito da gestão integrada de nutrientes na produtividade, absorção de nutrientes e economia do milho em condições de sequeiro. Karnataka J. of Agril. Sci., **20** (3): 462-465.

Kumawat B. S. (2010). Gestão integrada de nutrientes em blackgram (Vigna mungo) e seu efeito residual na cultura subsequente de mostarda (Brassica juncea). Jornal Indiano de Ciências Agrícolas **80** (1): 76-79.

Naidu D. K, Radder B. M, Patil P. L, Hebsur N. S e Alagundagi S. C. (2009). Efeito da gestão integrada de nutrientes na absorção de nutrientes e na fertilidade residual da malagueta (cv. byadgi dabbi) num vertisol . *Karnataka J. of Agril. Sci.* **22** (2): 306-309.

Padmaja, M.; Sreelatha, D. e Rao, K. L. (1999). Efeito do azoto na absorção de nutrientes pelo milho *(Zea mays* L.).
J. Investigação ANGRAU, **27** (4): 112-114.

Panse, V.G. e Sukhatme, P.V. (1967). "Statistical Methods for Agricultural workers" Conselho Indiano de Investigação Agrícola, Nova Deli, 187-197.

Pattanshetti, V. A.; Agasimani,C. A. e Balabad, H. B. (2002). Efeito de adubos e fertilizantes na produção de milho e soja em sistema de consórcio. *J. Maharashtra Agri. Univ.*, **27** (2): 206-207.

Piper, C. S. (1950). Soil and Plant Analysis. Inter Science Publishing Corporation. Inc., Nova Iorque.

Porwal, M. K. e Jain, H. K. (1999). Effect of sowing dates on winter maize (*Zea mays*) varieties in command area of southern Raj asthan. *Indian Journal of Agronomy,* **44** (3): 560-563.

Puntamkar, S. S.; Mehta, K. M. e Sharma, V. C. (1965). Uptake of N, P and K by maize in relation to levels of nitrogen. *Indian J. of Agron,* **10** (3): 244-252.

Radhakrishnan, B. (2009). Valor nutritivo e população microbiana de vermicomposto e vermiwash. *Boletim Informativo - Fundação de Investigação do Chá UPASI*. **19** (2) : 3-5.

Raj, O. M.; Khafi, H. R.; Shekh, M. A.; Mehta, A. C. e Davda, B . K . (2007). Efeito do vermicomposto e do azoto no teor de nutrientes, absorção e rendimento do milho *rabi*. *Crop Research,* **33** (1-3): 53-54.

Raja, V. (2001). Efeito do azoto e da população de plantas no rendimento e na qualidade do super doce (*Zea mays*). *Indian J. Agron,* **46** (2): 246-249.

Reddy, B. G. e Reddy, M. S. (1999). Efeito de adubos orgânicos e níveis de azoto na disponibilidade de nutrientes no solo no sistema de cultivo milho-soja. *J. Indian Soc. Soil Sci., **46*** (3): 474-476.

Sahoo, S. C. e Mahapatra, P. K. (2007). Rendimento económico do milho doce (*Zea mays*) afetado pela população de plantas e níveis de fertilidade. *Indian Journal of Agronomy,* **52** (3):239-242.

Sahoo, S. C. e Panda, M. M. (1997). Necessidades de fertilizante do milho para bebé (*Zea mays* L.) nas estações húmida e de inverno. *Indian J. Agric. Sci.,* **67** (9): 397-398.

Sarma, N. A.; Paul, S. R. e Sarma, D. (2000). Resposta do milho ao azoto e ao fósforo em condições de sequeiro na zona montanhosa de Assam. **45** (1): 128-131.

Schulz, R.; Al-Najar, H.; Breuer, J. e Romheld, V. (2006). O efeito da aplicação de biocompostos no rendimento das culturas e na dinâmica do azoto no solo. *Nutrição vegetal,* **92** (12):986-987.

Sharma, A. K. (2001). A Handbook of Organic Farming (Manual de Agricultura Biológica). 193-215.

Shashidhara G. B. (2000). Gestão integrada de nutrientes na malagueta (*Capsicum annuum* L.) na zona de transição norte de Karnataka. Tese de doutoramento, apresentada à Universidade de Ciências Agrícolas,

Dharwad, Karnataka.

Shivay, Y. S. e Singh, R. P. (2000). Crescimento, rendimento e absorção de azoto do milho *(Zeamays* L.) influenciados pelo sistema de cultivo e pelos níveis de azoto . *Annals of Agricultural Research* **21** (4): 494-498.

Shivay, Y. S.; Singh, R. P. e Shivkumar, B. G. (2002). Effect of nitrogen on yield attributes, yield, and quality of maize (*Zea mays)* in different cropping systems . *Indian Journal of Agronomy,* **44** (2): 261-266.

Shivsubramanian K. e Ganeshkumar M. (2004). Influência do vermiwash na produtividade biológica da calêndula. Jornal Agrícola de Madras. **91**: 221-225.

Singh, D.; Rana, D.S.; Pandey, R. N. e Kumar, K. (1999). Response of fertilizers in maize (*Zea mays*)- wheat (*Triticum astivum*) - cowpea (*Vigna unguiculata*) cropping system. *Indian Journal of Agronomy,* **44** (2): 242-245.

Singh, A.; Viyas, A. K. e Singh, A. K. (2000). Effect of nitrogen and zinc application on growth, yield and net returns of maize (*Zea mays* L.). *Annals of Agricultural Research,* **21** (2): 296-297.

Singh, R. N.; Sutaliya, R.; Ghatak, R. e Sarangi, K. (2003). Efeito de uma maior aplicação de azoto e potássio acima do nível recomendado no crescimento, rendimento e atributos de rendimento do milho de inverno semeado tardiamente (*Zea mays* L.). *Crop Research,* **26** (1): 71-74.

Subbiah, B. V. e Asija, G. L. (1956). Um procedimento rápido para estimar o azoto disponível no solo. Curr. Sci., **25** (8): 259-260.

Sujatha, M. G.; Lingaraju, B. S.; Palled, Y. B. e Ashalatha, K. V. (2008). Importância das práticas de gestão integrada de nutrientes no milho em condições de sequeiro. *Karnataka J. of Agril. Sci.,* **21** (3): 334-338.

Tabu, I. M.; Obura, R. K.; Bationa, A. e Mumera, L. (2006). Efeito da gestão da fertilidade do solo e da taxa de fertilizantes azotados no rendimento do milho em campos de pequenos agricultores. *Agron. J.*, *5* (2): 191-195.

Thangavel, P.; Balagurunathan, R.; Divakaran, J. e Prabhakaran, J. (2003). Efeito da extração de vermiwash e vermicast no estado dos nutrientes do solo, crescimento e rendimento do arroz. *Avanços das ciências das plantas,* **16:** 187-190.

Thakur, D. R. e Singh, K. K. (1990). Gestão de ervas daninhas e fertilizantes em milho de sequeiro (*Zea mays*) em condições de colina média no noroeste dos Himalaias. *Indian Journal of Agricultural Science,* **60** (4):245-248.

Thakur, D. R.; Prakash, M.; Kharwara, P. C. e Bhalla, S. K. (1997). Effect of nitrogen and plant spacing on growth and economics of baby Corn (*Zea mays*). *Indian Journal of Agronomy,* **42** (3): 429-483.

Thakur, D. R.; Kharwara, P. C.; Bhalla, S. K. e Prakash, O. (1 99 8) . Effect of nitrogen and plant spacing on yield, nitrogen uptake and economics in baby corn (*Zea mays* L.) *Indian J. Agric. Sci.,* **69** (2): 93-95.

Tomati, U.; Grapelli, A.; Galli, E. e Rossi, W. (1983). Fertilizante de vermicultura como opção para a recuperação de resíduos orgânicos. *Agrochimica,* **27**: 244-251.

Tripathi, S., Joshi, H. C., Sharma, D. K., e Singh, J. P. (2007). Resposta do trigo e do milho ao biocomposto preparado a partir de efluentes de destilaria e lama de prensa. *Indian J. Agric. Sci.,* **77** (4): 208-211.

Vasanthy, D. e Kumarswamy, K. (1999). Eficácia do vermicomposto para melhorar a fertilidade do solo e o rendimento do arroz. *J. Indian Soc. Soil Sci.*, 47 (2): 268-272

Venkatesh, R. e Eevera, T. (2007). Redução de massa e recuperação de nutrientes através da vermicompostagem de cinzas volantes. *Applied ecology and environment research,* **6** (1): 77-84.

Apêndice I: Economia do milho sob várias combinações de tratamentos com azoto e vermífugo

Treatment combination	Yields (kg ha^{-1})		Gross realization (Rs ha^{-1})			Cost of production (Rs ha^{-1})			Net realization (Rs ha^{-1})	BCR
Treat	Grain yield	Straw yield	Grain	Straw	total	Fixed	variable	Total		
N1V1	4403	5872	44037.5	7047	51084.5	14551	966.93	15517.9	35566.6	3.29197
N1V2	4592	6247	45927.5	7497	53424.5	14551	7802.43	22353.4	31071.1	2.38999
N2V1	4898	6720	48982.5	8064	57046.5	14551	1153.56	15704.6	41341.9	3.63248
N2V2	5397	7222	53977.5	8667	62644.5	14551	7989.06	22540.1	40104.4	2.77925
N3V1	4951	6820	49512.5	8184	57696.5	14551	4252.21	18803.2	38893.3	3.06844
N3V2	5544	7632	55447.5	9159	64606.5	14551	11087.71	25638.7	38967.8	2.51988
N4V1	4832	6896	48325	8276.1	56601.1	14551	4443.61	18994.6	37606.5	2.97985
N4V2	5689	7912	56895	9495	66390	14551	11279.11	25830.1	40559.9	2.57026

C) Selling rate of produced (Rs q^{-1})	D) Variable cost (Rs ha^{-1})
Grain : 1000	N_1 : 967 V_1 : 00
Stover : 120	N_2 : 1154 V_2 : 6836
	N_3 : 4252
	N_4 : 4443

Apêndice II: Custo de cultivo (Rs ha^{-1}) do milho *rabi*

Sr. No.	Particulars	Cost Rs. ha^{-1}
(A)	**Fixed cost**	
1.	Land Preparation	1800
2.	Layout, bund formation, opening of furrow and channels (15 labour ha^{-1})	1500
3.	Cost of maize seeds 20 kg ha^{-1} @ Rs 30 kg^{-1}	600
4.	Cost of sowing and application of fertilizer and manures (10 labours)	1000
5.	Thinning and gap filling (2 labour)	200
6.	Weeding and interculturing Two hand weeding (20 Labours ha^{-1})	 2000
7.	Irrigation charges (Seven irrigation @ 340 Rs $irrigation^{-1}$, 8 hrs x 30 = 120 with 1 labour, 100 Rs)	2380
8.	Plant protection measure a) Endosulphan 35 EC @ 0.07 % b) Two labour	 254 200
9.	Application of single super phosphate 250 kg @ Rs 3.76 kg^{-1}	940
10.	Harvesting, threshing and cleaning (22 Labours)	2200
11.	Land revenue Rs. 50 ha^{-1} $annum^{-1}$ (4 months)	17
	Working capital	13091
10.	Interest on working capital @ 12 % (4 months)	524
11.	Supervision charges @ 10 % of working capital (4 months)	436
	Total fixed cost	**14551**

(B) Variable cost		
1	**Nitrogen management**	
a	N_1 (100% RDN= 174 kg ha^{-1} urea @ Rs 5.56 kg^{-1})	967
	N_2 (75% RDN= 130 kg ha^{-1} urea @ Rs 5.56 kg^{-1} + 25% biocompost= 1538 kg ha^{-1} @ Rs 0.28 kg^{-1})	1154
	N_3 (75% RDN= 130 kg ha^{-1} urea @ Rs 5.56 kg^{-1} + 25% vermicompost= 1176 kg ha^{-1} @ Rs 3 kg^{-1})	4252
	N_4 (50 % RDN= 87 kg ha^{-1} urea @ Rs 5.56 kg^{-1} + 25% biocompost= 1538 kg ha^{-1} @ Rs 0.28 kg^{-1} + 25% vermicompost= 1176 kg ha^{-1} @ Rs 3 kg^{-1})	4444
2	Vermiwash spray (97 lit ha^{-1} @ Rs 70 lit^{-1})	6836
(C)	**Rates used for cultivation**	
1.	Tractor cultivation (Rs. hr^{-1})	150
2.	Tractor planking (Rs. hr^{-1})	100
3.	Tractor ditcher (Rs hr^{-1})	100
4.	Labour charges (Rs. labour^{-1})	100
5.	Fertilizer cost (Rs kg^{-1}) a) Urea (Rs 278.00/50 kg) b) SSP (Rs 188.00/50 kg)	 5.56 3.76
6.	Endosulphan 35 EC @ (1 lit)	254
7.	Irrigation charges @ 30 Rs hr^{-1} with 1 labour	340
(D)	**Selling rate of produce**	
1.	Maize seed (Rs q^{-1})	1000
2.	Maize stover (Rs q^{-1})	120

More Books!
yes

MIX
Papier aus verantwortungsvollen Quellen
Paper from responsible sources
FSC® C105338

Printed by Books on Demand GmbH, Norderstedt / Germany